| 服装设计必修课 |

服装设计
手绘效果图与
色彩搭配基础教程

朱易————

U0180374

电子工业出版社

Publishing House of Electronics Industry

北京•BEIJING

图书在版编目（CIP）数据

服装设计手绘效果图与色彩搭配基础教程 / 朱易编著. — 北京：电子工业出版社，2021.5
（服装设计必修课）

ISBN 978-7-121-40936-3

Ⅰ.①服… Ⅱ.①朱… Ⅲ.①服装设计－绘画技法－教材②服装设计－配色－教材 Ⅳ.① TS941.28
② TS941.11

中国版本图书馆 CIP 数据核字（2021）第 062634 号

责任编辑：王薪茜　　　　特约编辑：田学清

印　　刷：河北迅捷佳彩印刷有限公司

装　　订：河北迅捷佳彩印刷有限公司

出版发行：电子工业出版社

　　　　　北京市海淀区万寿路 173 信箱　　邮编：100036

开　　本：889×1194　1/16　印张：11　　　字数：316.8 千字

版　　次：2021 年 5 月第 1 版

印　　次：2021 年 5 月第 1 次印刷

定　　价：79.90 元

凡所购买电子工业出版社图书有缺损问题，请向购买书店调换。若书店售缺，请与本社发行
部联系，联系及邮购电话：（010）88254888，88258888。

质量投诉请发邮件至 zlts@phei.com.cn，盗版侵权举报请发邮件至 dbqq@phei.com.cn。

本书咨询联系方式：（010）88254161 ~ 88254167 转 1897。

前言 PREFACE

　　本书是我的第三本服装设计手绘类书籍。与前两本书有所不同，本书从服装色彩的角度出发来探索服装设计手绘，以色绘色。我很荣幸能够继续为大家分享我的服装手绘心得，也希望各位读者能够有新的收获。

　　本书阐述了服装色彩搭配的基本原则与方法，从理论到实践，为读者提供了详尽的案例步骤，以帮助读者学习绘制服装设计效果图。本书涵盖了服装设计效果图入门、服装色彩搭配基础与技巧、服装设计效果图的人体表现、人物妆容与造型、不同色系的服装设计效果图绘制、服装设计效果图面料材质表现与色彩搭配、服装设计效果图款式绘制方法与色彩搭配、服装设计效果图范例的搭配解读等内容。本书内容丰富、图文并茂，讲解通俗易懂、富有时代特色，可作为服装设计的专业教材，也可作为服装设计学习者的参考书籍。

　　在这里感谢一直支持我的各位读者朋友，你们的喜爱是支撑我前进的动力。

朱易

读者服务 ————————————

　　读者在阅读本书的过程中如果遇到问题，可以关注"有艺"公众号，通过公众号中的"读者反馈"功能与我们取得联系。此外，通过关注"有艺"公众号，您还可以获取艺术教程、艺术素材、新书资讯、书单推荐、优惠活动等相关信息。

　　资源下载方法：关注"有艺"公众号，在"有艺学堂"的"资源下载"中获取下载链接。如果遇到无法下载的情况，可以通过以下三种方式与我们取得联系：

　　1. 关注"有艺"公众号，通过"读者反馈"功能提交相关信息；

　　2. 请发邮件至 art@phei.com.cn，邮件标题命名方式：资源下载 + 书名；

　　3. 读者服务热线：（010）88254161~88254167 转 1897。

　　投稿、团购合作：请发邮件至 art@phei.com.cn。

扫一扫关注"有艺"

目录 CONTENTS

CHAPTER
03 服装设计效果图的人体表现 / 017

CHAPTER
04 人物妆容与造型 / 035

CHAPTER 05 不同色系的服装设计效果图绘制 / 057

CHAPTER 06 服装设计效果图面料材质表现与色彩搭配 / 080

CHAPTER 07 服装设计效果图款式绘制方法与色彩搭配 / 120

CHAPTER 08 服装设计效果图范例的搭配解读 / 151

CHAPTER

01 服装设计效果图
入门

1.1 关于服装设计效果图

服装设计手绘包括服装设计草图、服装设计效果图、时装插画等。服装设计效果图用于展示服装的结构、款式、色彩、面料、工艺等特征，因此服装设计效果图比服装设计草图更加精美、细致。

服装设计效果图以服装为载体，抓住当下流行趋势对信息进行整合，选择服装的款式与面料的质感，通过在纸面上绘制具体的人物形象与服装造型形成直观的图片语言，传达出服装设计师的设计思维与创意理念，从而与客户进行顺畅的沟通。

受不同绘图者画风的影响，服装设计效果图或细腻或洒脱，而在过分夸张服装款式与比例后，服装设计效果图又可以演变成时装插画。时装插画是服装设计手绘的一个分支，是以绘画为基本手段，通过丰富的艺术处理方法来体现服装设计的造型和整体气氛的一种艺术形式。时装插画有强烈的个人风格与审美特征，注重画面的形式感与氛围，传达出绘图者个人强烈的情绪与感受，拥有很强的艺术性与独特性。与服装设计效果图相比，时装插画的绘画主体不局限于表现时装本身，绘图者还可以选择秀场的妆容、发型、珠宝等进行创作，将符合潮流服装的线条、形体、色彩、光线和组织的感受表达出来，绘制出独一无二的作品。

1.2 认识水彩

水彩，是以水为媒介调和颜料作画的一种表现方式，通过水彩笔蘸取颜料，在纸面上进行覆盖、晕染、勾勒，从而呈现独特的画面效果。画面中水的流动、笔触的变化、色彩的清透都是水彩的特色，可给人独特的视觉享受。

水彩画作为一种艺术创作形式，它有着丰富的内涵与技法。水的含量的把握、水与颜料的比例、水在纸上留下的痕迹都是画面表现的重要因素。水是水彩画的灵魂，有着支配画面效果的作用。

颜料按特性一般分为透明和不透明两种，即水彩与水粉。水彩的透明度较高，当色彩重叠时，下面的颜色会透出来。水粉属于不透明颜料，它的覆盖力较强，可用于较厚的叠色与大面积的铺色，不会出现铺色不均匀的现象。使用水粉绘制服装设计效果图时，建议减少调色次数，因为只有这样才能绘制出干净的画面效果。

用水彩绘制服装设计效果图时，需要掌握水分、色彩、用笔方式方面的知识，以及如何通过调色来表现不同的质感，进而通过多样的创作手法表现出丰富而生动的画面效果。不同的绘制工具会产生不同的效果，控水量、用笔速度也会对画面产生影响。

在服装设计效果图中，水彩能够表现出丰富多彩的效果：既可以细腻地深入刻画，也可以表现酣畅淋漓的写意画风；既可以表现出清新、明快的效果，也可以达到粗犷、浑厚的境界。水彩灵活多变，已成为绘制服装设计效果图的重要工具。

1.3　水彩笔的介绍

用水彩绘制服装设计效果图，需要水彩笔、水彩纸、水彩颜料这三种必不可少的工具。要想绘制出优秀的作品，需要先了解不同品牌的工具所具备的不同特性，再从众多品牌中挑选出材质优良、性价比较高并且适合自己的工具。

■ 1.3.1　水彩笔的分类

常见的水彩笔包括传统水彩笔和国产毛笔，它们由动物毛或人造毛制成。貂毛笔的笔毛兼具高弹性及高柔软性，吸水性极佳，能均匀吸附大量颜料，既可以大面积晕染、铺色，又可以利用笔尖绘制细节；松鼠毛的画笔拥有较高的含水量，毛质松软，笔锋聚拢性良好，吸水性极佳，能均匀吸附大量颜料，使颜色饱和鲜艳，笔触鲜活；尼龙毛笔的吸水性比动物毛毛笔差，但是塑形效果和弹性极好，拥有很好的聚锋能力及精准度，适合刻画细节。还有一些国产毛笔也非常适合画水彩，如羊毫、狼毫等。羊毫制成的毛笔较柔软，吸水性好，但弹性较差，适合绘制大面积的背景；狼毫制成的毛笔偏硬，但是吸水性不错，非常适合刻画细节。

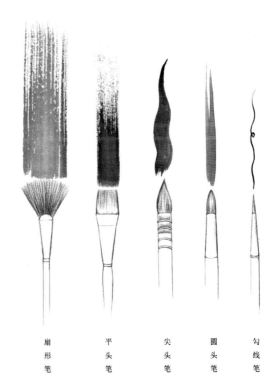

水彩笔按笔的形状可以分为扇形笔、平头笔、尖头笔、圆头笔、勾线笔、刷子笔等。不同的笔毛形状能为服装设计效果图增添多样的笔触。

扇形笔：笔毛呈扇形，特别容易绘制出扫笔的粗犷效果，在服装设计效果图中常用于绘制背景。

扇形笔	平头笔	尖头笔	圆头笔	勾线笔

平头笔：笔毛呈正方形，比较硬挺，既可绘制出方形的平坦笔触，也可绘制出干燥的扫笔效果。

尖头笔：笔肚能吸收大量水分，既可大面积渲染，也可用笔尖绘制相对细致的部分或勾勒线条，具有一笔多用的功能。

圆头笔：吸水性、储水性极佳，容易控制，是常用的笔刷。

勾线笔：细长的笔尖能够画出流畅、灵活的线条，适用于勾边及刻画细节。

■ 1.3.2 常见的水彩笔

水彩笔品牌众多，在这里介绍几款适合表现服装设计效果图技法的水彩笔。

达·芬奇 428 纯貂毛水彩笔

这款水彩笔属于天然毛画笔，价格较高，笔肚子吸水性好，蘸取颜料后绘制的色彩均匀，同时弹性和柔软度也很好。这款笔的小号水彩笔的笔锋细腻而流畅，可以画出很顺畅的线条。

红胖子拖把笔

这是一款较典型的拖把笔。它是由松鼠毛制成的，笔毛浓密且非常柔软，笔尖聚锋效果不错，拥有很好的弹性，储水能力超强。大号的红胖子笔适合绘制背景与大面积的服装，小号的红胖子笔笔尖能刻画细节，性价比很高。

黑色天鹅绒水彩笔 Round 3000s

这个系列的水彩笔属于圆头笔，采用天然松鼠毛与黑色纤维混合而成。松鼠毛能够储存大量的颜料，控水性也很强；松鼠毛与合成材料混合在一起，不仅保持了笔的弹性，而且更加耐磨。

华虹 368 系列水彩笔

这个品牌的水彩笔为尼龙毛，价格低，笔头柔软、有弹性，新笔的聚锋能力很强，可以画出细腻流畅的线条，适合绘制服装设计效果图中的人物五官，但是这种画笔寿命很短，一般半年后笔尖会分叉，聚锋能力降低。

华虹 205 系列水彩笔

这个系列的水彩笔是扇形笔，吸水性不太好，适合以"扫笔法"绘制出干枯的笔触，塑造独特的肌理效果。

秋宏斋

这是中国毛笔的代表品牌，画笔种类很多，笔毛有狼毫、尼龙、兔毫等，画笔价格亲民，且性能很好，性价比极高。秋宏斋中的"秀意"系列，弹性适中，手感不错，聚锋性能极好，可以勾勒出极细的流畅线条，适合刻画细节。

提示

> 绘制服装设计效果图时，推荐选购一两支专业的动物毛水彩笔绘制大面积部分，再选购一些国产毛笔搭配使用。笔的大小可以跳号购买，如选择 0、2、4 号，因为间隔一个号的笔大小区分不太明显。

1.4 水彩颜料的介绍

■ 1.4.1 水彩颜料的分类

水彩颜料按形态可以分为固体水彩颜料与管装水彩颜料。

固体水彩颜料有半块和全块的不同尺寸，它的含水量比较低，呈凝固干燥状态，使用时需要用水彩笔蘸水涂抹颜料表面，将颜料溶解使用，不用花费挤颜料的时间。管装水彩颜料含水量较高，呈膏体状，可以先挤在水彩调色盘中，再用水彩笔蘸取清水与它调和使用，流动性较好。

固体水彩颜料和管装水彩颜料有一定的区别，固体水彩颜料中的胶与色粉混合均匀且不易分离；管装水彩颜料的稳定性比固体水彩颜料差，时间久了颜料会在管中脱胶，常见问题就是新买的颜料打开后会发现先挤出的是透明的胶液，后挤出的才是颜料，这样颜料中胶的含量就很难保证比例稳定。

固体水彩颜料　　　　　　管装水彩颜料

■ 1.4.2 常见的水彩颜料

水彩颜料品牌众多，这里选取一些常见的品牌进行对比介绍。水彩颜料的好坏，可以通过水彩颜料的透明度、纯度、耐光度等因素判断。颜料的选择并不是选择品牌的产地，而是选择不同品牌的颜料特点，看其是否能达到自己的需求，如颜料沉淀、颜色晕染。每一款颜料都有自己独特的特点。

水彩颜料的品牌并不是影响个人绘画作品好坏的主要因素，便宜的水彩颜料也能画出优秀的作品。初学者需要先了解不同品牌水彩颜料的特性，然后根据它们的综合性能和自己的绘画风格来选择相应的水彩颜料，并且学会灵活运用，以更好地发挥水彩颜料的特性。

荷尔拜因：产地日本。荷尔拜因管装水彩颜料膏体细腻，颜色通透鲜明，色彩浓郁艳丽，明度适中，颗粒极小，显色均匀而纯正，能完美呈现水彩画面丰富的色彩变化，颜料显色度高，干燥后比大多数品牌水彩更鲜艳透亮一些。因为管装水彩颜料里面不含牛胆汁，所以扩散性较差，不易出现颗粒沉淀，不适合绘制晕染、沉淀等效果。荷尔拜因固体水彩颜料扩散性不错，也方便蘸取，性价比较高。

吉祥颜彩：产地日本。吉祥颜彩为固体国画水彩颜料，色彩明艳却又古典，质地细腻，溶解迅速，洇色适度，层次分明，固体块状较大，属于半透明水彩，叠色覆盖能力强，适合绘制中国风、民族风的效果，也非常适合刻画细节。

吴竹颜彩：产地日本。颜色较鲜艳，固体易溶于水，混色性不错，性价比高。吴竹颜彩属于国画颜料，颜色较浓郁厚重，透明度差，因此覆盖性较好，适合叠色与刻画细节。

美利蓝：产地意大利。这个品牌的水彩颜料质地细腻，色彩清新明亮，透明度较高，耐光性和稳固性都较好。上色效果显著，不易挥发，适合大面积晕染，很容易画出清透的光感。

史明克：产地德国。固体水彩颜料透明度很高，颜色非常清透，鲜艳亮丽，混色很棒，会产生漂亮的水痕笔触。史明克固体水彩颜料有学院级和大师级，较贵的大师级的突出优点是混色，更能晕染出漂亮的效果。

泰伦斯：产地荷兰，有梵高、伦勃朗两个系列。梵高系列的学院级水彩颜料的颜色饱和度高，比较鲜艳，性价比高。伦勃朗系列属于大师级别，显色较深，暖色系偏多，透明度适中，耐光性极好，颗粒精细，色彩搭配高级。它在木浆纸上易产生水痕。

丹尼尔·史密斯：产地美国。这个品牌以手工制作的水彩颜料享誉世界。遇水即溶，扩散性极好，很轻易就能展现出色彩的原始样貌，拥有优异的耐光性，质地细腻，色彩绚丽明亮。色彩种类有两百多种，是目前市场上拥有多颜色可选的颜料，其中的矿物色颜料稀有而独特，拥有较强的颗粒感。

温莎·牛顿：产地英国。温莎·牛顿品牌有固体水彩颜料和管装水彩颜料，管装水彩颜料胶质感比较重，调色之后沉淀明显，显色也一般。温莎系列的学院级别颜料整体性能稳定，显色度也不错，但透明度欠佳。温莎系列艺术家级别颜料的口碑不错，透明度也比学院级别的高，适合水彩初学者练习使用。

1.5　水彩纸的介绍

■ 1.5.1　水彩纸的分类

水彩纸的吸水性比一般纸张高，纸张较厚，纸面纤维也较强韧，不易因绘画过程中反复涂抹而破裂或起球。水彩纸有很多种类，便宜的水彩纸吸水性较差，昂贵的水彩纸保存作品色泽更久。

水彩纸分为手工纸和机器制造纸，手工纸价格比机器制造纸更高。水彩纸常见的克重有180g/m²、200g/m²、240g/m²、300g/m²等，水彩纸克数越高纸张越厚，吸水性和控水效果也越好。如果画面需要大面积铺色或者晕染背景，就可以选用克重较大的水彩纸，如240g/m²或300g/m²，因为较薄的水彩纸遇到大量水会变得褶皱，尤其等画面干透以后，整张水彩纸会呈现皱巴巴的效果。可以直接购买四面封胶的水彩本作画，画完以后再撕下水彩纸。如果没有厚的水彩纸，还可以用水胶带进行裱纸，裱过的水彩纸在作画完成后依旧平整。

按画幅来分，水彩纸有全开、2开、4开、8开、16开、32开等不同尺寸，绘制服装设计效果图常用的尺寸是16开和8开。

按材质来分，水彩纸可以分为木浆、棉浆和木棉混合。

木浆水彩纸一般比棉浆水彩纸白，摸起来也更坚韧。木浆水彩纸的吸水性比棉浆水彩纸弱，颜料依附在纸的表面，容易留下水痕，不能达到水彩混色效果，因此其价格也比棉浆水彩纸低，适合日常练习使用。

棉浆水彩纸的价位一般比木浆水彩纸高，它的颜色稍微偏黄，若用手指轻轻撕开纸张，可以发现撕裂口毛茸茸的。棉浆水彩纸的吸水性好，干得快，上色均匀，不易留下水痕，适合细致刻画；比较容易擦洗，修改很方便，即使一层层地叠色与混色也不易起球，因此棉浆水彩纸适合绘制比较重要的画作。

按纹理来分，水彩纸可以分为粗纹、中粗纹、细纹。纹理越细干得越快，因此粗纹水彩纸干得最慢，可以缓慢地进行绘制，而因为粗纹水彩纸纹理最粗，所以绘制水彩时会产生飞白效果。细纹水彩纸最适合绘制服装设计效果图，细纹水彩纸表面平滑细腻，方便绘制人物五官的细节，但是在细纹水彩纸上铺色，干的速度较快，所以需要控制好作画时间。初学者可以先选用中粗纹水彩纸进行练习，有一定基础后再选择细纹水彩纸。

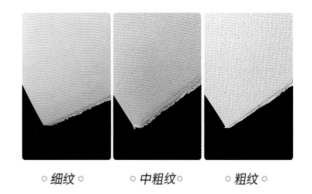

○细纹○　　○中粗纹○　　○粗纹○

■ 1.5.2　常见的水彩纸

只有充分了解不同品牌的水彩纸的特性，才能选择适合自己作画需求的纸张。不同的纸张会影响作画时的吸水效果、笔触、绘画节奏等，所以水彩纸的选择非常重要。

阿诗：这款水彩纸是全球首屈一指的水彩纸。它采用顶级100%高级纤维（棉、麻）制成，采用独特的原纸施明胶制造工艺，可以承受多次刮擦，并使色彩达到最佳状态。阿诗水彩纸纹理细腻，晕色柔和，色彩衔接自然，显色极好，同时吸水性好，可以多层渲染和连续涂改，非常适合叠色，比较昂贵。

获多福：获多福水彩纸是专业的纯棉纸张，可双面使用，画纸吸水性好，扩散性也强，性价比较高；容易深入叠加刻画，色彩温和厚重而不易积水，叠加后不易修改。它的缺点是显色一般，纸上的水彩干了后颜色会发灰。获多福水彩纸有高白和普白之分，普白的水彩纸偏黄，高白的水彩纸相对更白。

宝虹：这是一款国产的棉浆水彩纸，吸水性不错，显色优良，色彩保留度很好，会有淡淡的水痕，经济实惠，性价比很高。

枫丹叶：这款水彩纸吸水性好，耐刮削、刷洗。其最方便的一点是两面纹理不同：一面为细腻的纹理，色彩衔接较好，表现力丰富；另一面则是粗颗粒的中粗纹，显色性较好，有浮雕的感觉。因此，可以根据作画风格来选择使用。

梦法儿：梦法儿水彩纸无酸，纸面光滑，耐久性优良，有防霉菌处理，不含荧光增白剂。这款水彩纸只有中粗纹和雪花纹理，吸水不是特别快，非常便于使用和效果修正，适合初学者练习使用。

康颂1557：这是一款性价比较高的木浆水彩纸，纸张很白，纸质坚挺，吸水性一般，可修改性强，可用来日常练习，是初学者的不错选择。

1.6 其他辅助工具

绘制服装设计效果图时，除了水彩笔、水彩颜料、水彩纸，还需要用到一些辅助工具，如铅笔、橡皮、调色盘、水胶带、海绵、高光笔、洗笔桶等，它们是绘制服装设计效果图必不可缺的工具。

■ 1.6.1　铅笔

铅笔包括传统铅笔与自动铅笔。

传统铅笔：它有 H、B 两种型号，而这两个字母前面的数字决定了铅笔绘画的深浅程度。H 前面的数字越大，代表铅笔的笔芯越硬，因此画出来的颜色越浅；B 前面的数字越大，代表铅笔的笔芯越软，因此画出来的颜色越深。

自动铅笔：绘制线稿需要用到 0.3 和 0.5 的自动铅笔。0.3 的自动铅笔更细腻，适合绘制服装设计效果图中的五官细节。自动铅笔的品牌推荐樱花与施德楼，施德楼自动铅笔价格较高，但是不易断铅，性价比很高。

■ 1.6.2　橡皮

橡皮是画画时进行修改的工具，在绘制服装设计效果图时，需要用到笔形橡皮和可塑橡皮。

笔形橡皮：外表是笔式造型，内部为细长的可替换的橡皮芯。这款橡皮能够准确擦拭细节部位，非常好用。

可塑橡皮：拥有良好的黏附力，使画作修改部分过渡均匀，不会使表面混浊；可以捏出不同形状，方便擦拭画作中不同面积的区域，可塑性很强。常用来将上色前的铅笔线稿擦拭浅淡，以利于下一步进行上色。

■ 1.6.3　调色盘

调色盘的材质有树脂和陶瓷等。树脂调色盘较轻，方便外出携带使用。陶瓷调色盘略重，适合室内绘画使用。调色盘的形状各异，有圆形、方形、花形等不同形状，可以根据个人喜好进行选择。

■ 1.6.4　水胶带

在进行大面积晕染、铺色时，为了防止水彩纸起皱就需要裱纸。先用清水打湿画板与水彩纸，然后用水均匀地打湿水胶带的背面，拉紧水胶带并贴在水彩纸四周。水胶带黏性强，不能轻易撕下，作画完成后需要用小刀把它裁下。

■ 1.6.5　海绵

海绵质地柔软，吸水性好，不易压缩变形，绘画时用来吸收画笔多余水分或吸干画笔。此外，也可用白色纸巾代替海绵。用白色纸巾吸取画笔上的颜色时能清晰看见颜色变化。

■ 1.6.6　高光笔

高光笔覆盖能力强，不仅可以应用于水彩服装设计效果图，也可以搭配马克笔进行使用。常见的高光笔有三种颜色，分别是白色、金色、银色。市面上一般有0.5、0.7、1.0、2.0这几种不同型号的高光笔，它们的笔尖粗细程度不同。

■ 1.6.7　洗笔桶

使用水彩颜料作画时需要使用盛水的容器，三格洗笔桶可拆分为三个立体的小水桶，节约空间且方便携带。三格洗笔桶还有一个优点在于盛水较多，作画过程中不用频繁换水，并且每一格分工明确：一格盛放清水，用来调和颜料，可以保证颜料色彩干净；中间一格用来涮洗水彩笔上的浅色；另一格用来洗去笔上的深色，以免影响其他两格中水的浑浊度。

CHAPTER

02 服装色彩搭配
基础与技巧

2.1 色彩的概念

色彩可分为有彩色与无彩色。色彩在人类生活中无处不在，是最普及的一种审美形式，反映了人们的审美意识与文化修养。

色彩中不能再分解的基本色称为原色，原色能够合成其他色彩。原色只有三种，色光三原色为红、绿、蓝，而颜料三原色为品红、黄、湖蓝。颜料三原色可以调配出其他任何色彩。

■ 2.1.1 有彩色

有彩色是指光谱上的红、橙、黄、绿、青、蓝、紫等彩色系，包括不同明度与不同纯度的各种颜色。有彩色具备色彩的三要素。

■ 2.1.2 无彩色

无彩色是指彩色以外的其他颜色。例如，黑、白、灰在色彩的分类中就属于无彩色。无彩色的彩度很小，接近 0，但是明度从 0 变化到 100，可以由白色渐变到浅灰色、灰色、深灰色，直到黑色，所以无彩色在色彩语言中占据很重要的地位。越接近于黑色，它的明度越低；越接近于白色，它的明度越高。

2.2 色彩的属性

色彩的三要素，也称为色彩的三属性，包括色相、明度和纯度。色彩学家用三要素来描述色彩，通过三要素来形成一个色彩体系。色彩的色相、明度和纯度是共生的关系，其中任何一个要素发生改变，人们对色彩的反应也会随之变化。

■ 2.2.1 色相

色相是区别每种不同色彩最精确的准则。同一种颜色可分为不同的色相，如红色可分为朱红色、大红色、玫红色、橘红色等，绿色可分为草绿色、翠绿色、深绿色等。

■ 2.2.2　明度

明度是指色彩的明暗程度，可分为低明度、中明度与高明度。低明度的色调较暗，给人厚重、沉稳的感觉；中明度的色调适中，给人柔和、舒适的感觉；高明度的色调较亮，给人明快、清亮的感觉。

■ 2.2.3　纯度

纯度是指色彩的饱和程度，也称为鲜艳度、彩度等。它分为低、中、高三个阶段，分别是低纯度、中纯度、高纯度。低纯度色彩让人觉得高雅、舒适、耐看；中纯度色彩让人觉得平和、安静；高纯度色彩比较鲜艳，让人觉得有强烈的刺激感。

2.3　服装色彩搭配法则

色彩是服装设计的核心元素之一，能够直观地塑造品牌形象。

消费者的购买欲望来源于色彩带来的视觉冲击及产品设计，色彩在商品企划中发挥着重要的作用。服装色彩搭配是服装设计中的重要组成部分，设计师需要抓住当下流行趋势，满足人们对时尚美的追求。服装色彩的色相、明度、纯度、位置、面积等因素，都会影响服装的美感。服装色彩搭配需要遵循整体的统一、重点的强调、节奏的呼应、平衡的把控等法则，使色彩的空间、比例、节奏等关系变得和谐、完美，从而达到实用性与观赏性的统一。

■ 2.3.1　整体的统一

整体的统一是指同类色或邻近色搭配在一起，给人舒服的视觉感受。它包括色彩的色相、明度与纯度的统一。色彩搭配过于统一会让人觉得毫无生气，这时候可以在统一的前提下寻求色彩变化。如果色调一致，还可以搭配不同的面料，通过不同材质与肌理呈现的不同效果使服装呈现统一的美感。

■ 2.3.2　重点的强调

重点的强调是指在服装色彩搭配中应该有重点突出的部分。例如，可以选用不同色彩、面料或饰品等，将重点与整体进行区分，突出想表达的重点，吸引人们对重点的注意，从而达到画龙点睛的效果。

因为人的头、脖颈、胸、腰等部位是色彩搭配的关键部位，所以设计师可以通过饰品来进行强调，如头饰、项链、领结、围巾、胸针、腰带等。尽管它们占据整体造型的很小一部分，但是会产生集中的效果，从而达到强调的作用。因此，可以将这些饰品的色彩与整体服装进行合理搭配，让整体造型不那么单调。

■ 2.3.3 节奏的呼应

节奏是指在服装整体搭配中具有规律的视觉感受，色彩的节奏在服装设计中最为强烈。节奏应用在服装中，主要体现在两方面。一方面是同色系色彩的穿插、跳跃，它能够使整体搭配具有节奏与统一性，相互呼应。另一方面是邻近色的渐变效果，颜色由浅到深或由深到浅，形成一定的规律排序，使服装整体节奏具有延展性。渐变在视觉上给人含蓄、柔和的感受，在服装色彩搭配中不应有大幅度突变，否则会打破节奏，失去渐变的和谐美。

色彩的节奏能够激发人们内心的情感，引发穿着者与设计师的共鸣。

■ 2.3.4 平衡的把控

在服装搭配中需要注意色彩比例的划分，因为色彩的比例会影响整体的视觉感受。服装色彩的比例平衡，需要通过服装色彩面积的分布与色彩的三要素变化来达到一种心理的平衡。平衡的美感依托于个人的艺术修养，是人们心灵对色彩的感受。合理的色彩比例可以扬长避短，使整体造型具有魅力。可先确定出服装中的主色，再选择辅助色与点缀色，一定要把握好它们之间的比例。主色起着主导作用，辅助色是为了补充主色的陪衬色彩，点缀色在整体色彩中所占面积应该最小。

服装色彩的平衡有几种形式，如对称的平衡、非对称的平衡与上下关系的平衡。对称的平衡会让人有种安定、平稳的视觉感受，这是一种最简单的平衡形式，但是缺少变化。非对称的平衡是指服装的色彩面积与位置分布不均，会达到新鲜而富有活力的效果。还有一种是上下关系的平衡，需要考虑整套服装中上下身的明度、色相与纯度等因素，可以从服装的色彩面积比例与长短变化等方面来解决，让整体达到相对的平衡。

2.4　服装色彩搭配技巧

色彩能给人最直接、最强烈的感受，在很大程度上影响了穿着的成败。服装的色彩搭配不仅需要考虑穿着者的性格、爱好、职业等因素，还需要根据不同场合进行选择。

■ 2.4.1　同类色

同类色是指色相环上 15 度以内的两种色彩。同类色的色相性质相同，但是色度有深浅之分，如深紫与浅紫、深绿与浅绿。选择同类色搭配在一起，服装耐看且富有变化。

■ 2.4.2　邻近色

邻近色是指色相环上 60 度以内的两种色彩。邻近色搭配在一起色相差距较小，会产生雅致的效果，如柠檬黄与橘黄。这种色彩搭配会让整体造型更加统一、和谐。如果想产生变化，可以加大色相之间的明度差与纯度差，也可以让面料之间有所差别，这样才不会乏味。

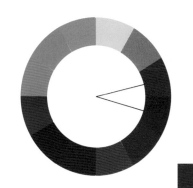

■ 2.4.3　对比色与互补色

两种或两种以上的色彩产生的差别现象称为色彩对比。

在 24 色相环中，相距 120 度至 180 度之间的两种颜色，称为对比色。

在色相环中，穿过中心点的对角线位置，即相距 180 度的色彩组，称为互补色。不同色彩组中的两个颜色对比最强。红与绿、黄与紫、蓝与橙是互补色，当画面中出现互补色时，会引起强烈的视觉对比，让人感到黄色更加黄、紫色更加紫。

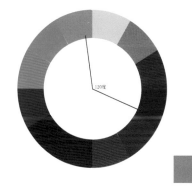

色彩对比的范围比互补色更广，包括色相、明度、冷暖、互补色、纯度、面积等。互补色是对比色的一种，它包含在对比色之中。

由于互补色具有强烈的分离性，拥有明快而饱满的特点，因此在色彩搭配中，需要适当地运用互补色加强色彩对比，表现出特殊的视觉效果。

对比色饱满度高、鲜艳夺目，搭配起来会产生鲜明的视觉效果，容易让人产生强烈、兴奋的情绪。将对比色运用在服装之中，应该谨慎处理，否则会产生极不安定的刺激性效果。这就需要注意控制色彩的明度、纯度，以及注意使用色彩的面积比例与位置。只有处理好这些综合关系，才能在变化中求得统一。此外，还可以在对比色中加入无彩色进行调节，以削弱对比色的强度。

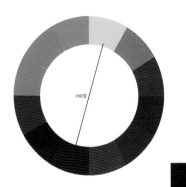

2.5 服装色彩与人的关系

■ 2.5.1 不同肤色的色彩选择

服装色彩与人的肤色进行合理的搭配，不仅能够突出人的气质、彰显人的个性，还能够反衬出服装的色彩美感。它们之间是一种相互衬托的微妙关系。只有选择正确的服装色彩，才能够更好地展现穿着者的气质。

例如，肤色黝黑的人非常适合亮丽的服装色彩，就像桃红、荧光绿等高纯度、高明度的色彩。人的肤色与服装颜色形成强烈的对比，能够很好地突出服装的色彩，给人强烈的视觉冲击，达到独一无二的效果。

白皙的皮肤是最好搭配服装的，适合搭配的服装色彩种类众多。大多数颜色都能衬托白皙的皮肤。例如，蓝色系能够有效地衬托肤色，使人显得高贵优雅，让白皙的皮肤更加突出。

■ 2.5.2 不同体型的色彩选择

对服装色彩进行合理的搭配，不仅能够展现穿着者的性格特点，还能够对穿着者的体型进行很好的调整。

在搭配服装色彩时，需要先观察穿着者的体型特征，找到这种体型的优缺点，然后发挥服装色彩扬长避短的作用，从视觉上改善穿着者的体型，塑造理想的效果。

1．身材较丰腴的穿着者，不宜选择色彩饱和度较高或花纹繁多的服装，否则会从视觉上感受到膨胀的效果。

2．较矮小的穿着者，服装整体色彩应尽量统一，可以选择色彩饱和度较低的服装。

3．身高正常但比例不太好的穿着者，可以选择高腰裤拉长下半身的比例，从而给人以良好的视觉效果。

■ 2.5.3 服装色彩的经典色彩搭配

服装色彩在整体造型中占据主导地位，能给人最为直观的视觉印象。设计师应该遵循服装色彩搭配法则，巧妙运用色彩搭配，以展现穿着者的风格与气质，彰显独特的穿搭品位。

1．黑色与白色或红色进行搭配是非常经典的色彩搭配方案，给人耐看、优雅的感觉。黑色还能与其他任何色彩进行搭配。

2．白色可以与任何色彩进行搭配。它与深色系进行搭配，给人一种沉静、干练的感觉；它与浅色系进行搭配，给人一种轻柔、美好的感觉。

3．选择邻近色进行搭配，可给人恬静、舒适的视觉印象。

4．纯度较低的色彩搭配，可给人高级、舒服的视觉感受。

5．选用一种色系，利用不同的明暗搭配，可给人有层次的韵律感。

设计师可以选择单色与多色进行搭配，同时按照色相、纯度、明度进行有规律的排序，从而使服装整体色彩搭配具有层次感与节奏。

CHAPTER

03 服装设计效果图的
人体表现

学习服装设计效果图需要先了解人体的比例，对正常的人体比例进行完善的修饰和美化，从而绘制出适合服装的理想化人体。

以头顶为最高点，脚后跟为底端，头的长度作为划分比例的单位，正常人的身高约为 7 头身至 7.5 头身，秀场模特身高约为 7.5 头身至 8 头身。8.5 头身的人体比例适用于服装设计效果图，能够很好地展现出服装的特点。绘制体积感较大或拖地的长裙时，可以在 8.5 头身的基础上拉长人物腿部线条，选择 9 头身的人体比例。

男性和女性的比例差别不大，男性的肩比女性的宽；男性的胸腔与盆腔整体呈倒三角的形态，而女性的胯部比肩略宽、腰部比较纤细，整体呈花瓶的形态。在绘制四肢的时候，男性的臂膀也需要表现得更加粗壮，女性的四肢则修长而纤细。

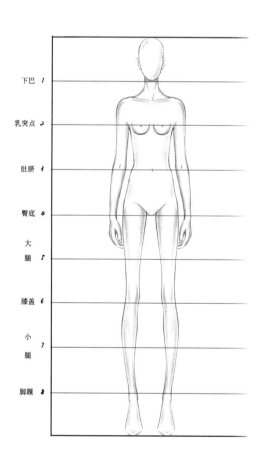

下巴 1
乳突点 2
肚脐 3
臀底 4
大腿 5
膝盖 6
小腿 7
脚踝 8

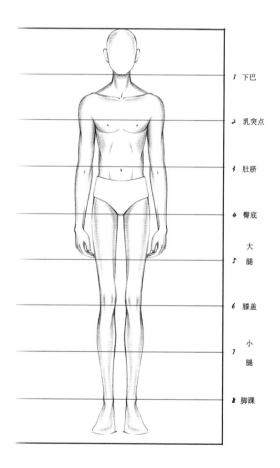

1 下巴
2 乳突点
3 肚脐
4 臀底
5 大腿
6 膝盖
7 小腿
8 脚踝

先确定出头顶的起点与脚底的终点，然后把这两点连成一条直线。把直线平分为8.5份，每一份的长度为1个头长。

第1头长：头顶至下巴。这一区域绘制人物的面部五官。

第2头长：下巴至乳突点。这一区域包含人物的脖子、肩部、锁骨、胸部上半部分。脖子的长度为第2头长的1/2，女性的肩宽等于两个头宽，男性的肩宽略大于两个头宽。

第3头长：乳突点至肚脐。这一区域也指胸围线至腰围线的范围。从胸部的下半部分往下，腰部外轮廓逐渐内收，女性的腰部比男性更纤细。

第4头长：肚脐至臀底。这一区域为人体的盆腔，女性的臀部略宽于肩部，男性的臀部比肩部窄。

第5、6头长：臀底至膝盖。这一区域为大腿的长度，同时包含膝盖。绘制8.5头身时，膝盖位置可以略高于第6头长的位置；绘制9头身时，膝盖刚好位于第6头长。手指自然垂落时，位于第5头长附近。

第7、8头长：小腿至脚踝。在服装设计效果图中，小腿长度可以略长于大腿，同时也比大腿更纤细。

第8.5头长：脚踝至脚跟。当女性穿着高跟鞋时，脚背被抬高，整个脚的形态从正面看会变长，有时候会超过8.5头长的区域。男性通常穿平底鞋，因此他的脚处于正常情况，但比女性的脚更宽。

3.2　人体面部结构绘制

■ 3.2.1　人物头部与五官的比例

在绘制人物头部与五官时，以脸的长度与宽度为依据，对人物面部划分出"三庭五眼"的比例关系。

"三庭"指的是人脸的长度比例。从前额发际线至眉心为第一庭，从眉心至鼻翼下缘为第二庭，从鼻翼下缘至下巴为第三庭，这三部分的长度相等，各占脸部长度的1/3。耳朵位于第二庭的位置。从头顶到下巴为1头长，那么眼睛所在的水平线则约为1/2头长。绘制正面人物肖像时，鼻子、嘴唇的中心线是中轴线，将面部左右平分。女性正面的脸形整体类似于鹅蛋形，颧骨和下颌骨微微凸出，体现出脸部轮廓的起伏变化。女性的脸部线条比男性更柔和，男性的面部可以表现得棱角分明。

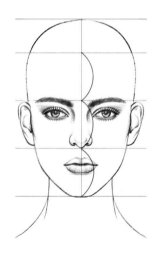

"五眼"指的是人脸的宽度比例，以一只眼睛的长度为单位，将脸的宽度平分为五等份，从左侧发际线到右侧发际线，总长度为五只眼睛。两只眼睛之间为一只眼睛的间距，左眼的外侧至左侧发际线、右眼的外侧至右侧发际线，各为一只眼睛的长度，这五份各占 1/5。

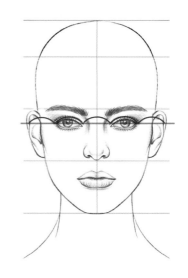

■ 3.2.2　眉毛和眼睛的结构

眉毛位于眼睛之上，是"三庭"中第一庭与第二庭的分界线，不同的人眉毛的形态各异，但生长规律一致：从眉头至眉峰之间的眉毛朝上生长，眉峰至眉尾的眉毛朝下生长。眉头位于内眼角上方，眉峰位于眉毛整体形态的 2/3 处。眉头的眉毛较稀疏，眉峰处的眉毛走向会发生变化，眉尾处的眉毛较细长。

眼睛是人的五官中最重要的器官，它能够体现人物的神情。人的眼珠类似于球形，位于眼眶内，眼球凸出的外部由上、下眼睑所遮盖，眼球中的瞳孔的高光使眼睛更具神采。

随着眼睛观看方向的改变，眼珠的形状也会随之发生变化，呈现出不同的扁圆形。

绘制眉毛时，首先确定眉头、眉峰与眉尾的位置，把握好它们之间的比例关系，然后表现出眉毛整体的明暗关系，最后根据眉毛的生长方向细腻地勾勒出眉毛的质感。

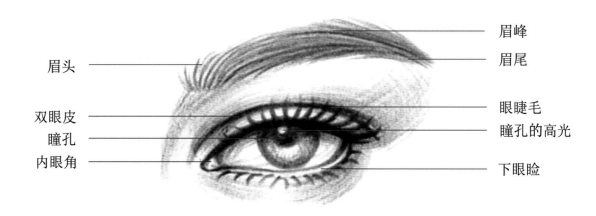

眉头　　　　　　　　　　　　　　　　眉峰

　　　　　　　　　　　　　　　　　　眉尾

双眼皮　　　　　　　　　　　　　　　眼睫毛

瞳孔　　　　　　　　　　　　　　　　瞳孔的高光

内眼角　　　　　　　　　　　　　　　下眼睑

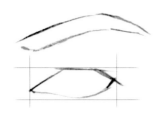

Step 01 | 首先画出一个横向的矩形，在此范围内画出眼睛的大概形状，类似于一片叶子。然后根据眼睛的位置确定眉毛的走向与比例，注意眉尾比眉头更细。

Step 02 | 用铅笔浅浅地铺出眉毛的颜色，注意它的边缘不要太生硬。细化眼睛的结构，绘制出内眼角、双眼皮、下眼睑，再在眼眶内画出眼球和瞳孔的形状，注意眼球的上方被上眼睑遮挡，眼球上方不是圆弧形。

Step 03 | 用自动铅笔画出细腻的眉毛，注意它的走向与长短变化，眉峰处的颜色略深。绘制上下眼睫毛，眼睫毛呈放射状，上睫毛比下睫毛更长，外眼角处的眼睫毛更浓密。

Step 04 | 用铅笔绘制出眼眶周围的明暗关系，并用灰调子表现出眼白的体积感。

Step 05 | 继续加深双眼皮的明暗与上眼皮对眼白产生的投影。用最深的颜色绘制出眼线与瞳孔，瞳孔的高光部分需要留白，表现出眼睛的光泽感。用灰调子表现出下眼睑的厚度，让眼睛更加立体。

不同形态的眉毛

■ 3.2.3 鼻子的结构

鼻子位于第二庭，占据人物面部的中轴线，有着重要的作用。从正面看时，鼻子位于人的面部正中央，可以看到左右两边的鼻翼。从侧面看时，鼻子是五官中体积感最强的器官，鼻梁的轮廓线比较明显，只能看见一侧的鼻翼。

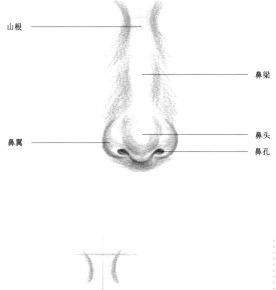

山根

鼻梁

鼻头
鼻孔

鼻翼

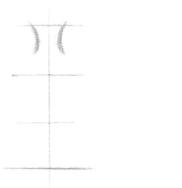

Step 01 | 用直尺画出一条垂直的线作为中轴线，并将其三等分，在第一份的上端绘制出山根，将底端的横向直线作为鼻底线。

Step 02 | 根据中轴线确定鼻头底部和鼻孔形状，绘制左右对称的鼻翼，注意鼻翼与鼻孔的关系。

Step 03 | 擦去多余的辅助线，用流畅的曲线绘制出鼻子的轮廓与鼻孔的形状，注意鼻翼的形态较饱满。

Step 04 | 根据鼻头的形态加深两侧的阴影，表现出鼻头的饱满。继续加深鼻梁两侧与鼻底的投影，画出鼻子的明暗关系，塑造出立体感。

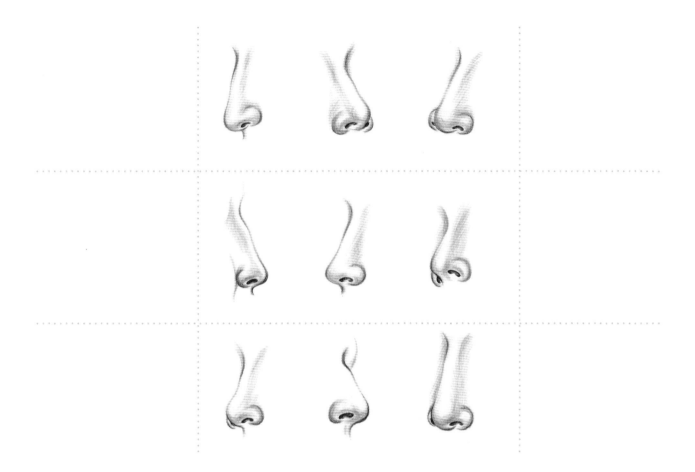

■ 3.2.4 嘴的结构

　　人的嘴大致包括上嘴唇、唇珠、唇中线、嘴角与下嘴唇等结构。上嘴唇棱角分明，下嘴唇相较而言更圆润。从侧面观察时，下嘴唇是向外、向下凸出的。当嘴唇紧闭时，唇中线是曲折的弧线。不同角度的嘴唇透视变化也会不同，当面部表情发生变化时，嘴唇的形状也会发生相应的变化。

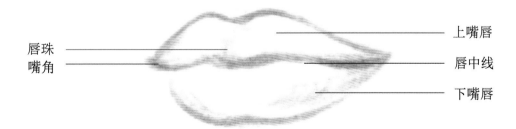

唇珠　————　　　　　　　　　　　　　　　　　　　————　上嘴唇
嘴角　————　　　　　　　　　　　　　　　　　　　————　唇中线
　　　　　　　　　　　　　　　　　　　　　　　　————　下嘴唇

| Step 01 | 绘制出三条平行的直线，并在中间画出一条弧线，然后确定左右两侧嘴角的位置。 | Step 02 | 绘制出嘴唇的轮廓，注意唇峰间的凹形，下嘴唇一般比上嘴唇饱满。 | Step 03 | 擦去多余的辅助线，用柔和的线条绘制出嘴唇的形态，简单地表现出嘴唇的明暗关系。 |

不同角度的嘴

■ 3.2.5　耳朵的结构

　　耳朵位于人的头部两侧，在眉毛和鼻底两条水平线之间的位置，属于第二庭。从正面看时，左右耳朵基本对称。耳朵由耳轮、对耳屏、耳屏、三角窝、耳垂、耳舟等几个部分组成。每个人耳朵的形状都有差异，尤其耳朵外部轮廓区别较大，但形体结构变化很小。

　　绘制耳朵时需要把握住它的基本结构特征，先从概括的大体形态开始，再深入地绘制出小形体。

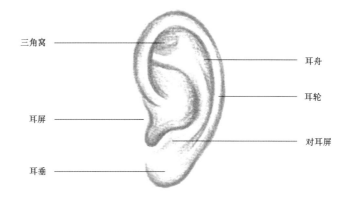

三角窝　　　　耳舟　　　　耳轮　　　　对耳屏　　　　耳屏　　　　耳垂

Step
01 | 根据耳朵的长宽比例绘制出一个矩形。将耳朵的外部形状绘制为上宽下窄的 C 形，上面是饱满的外轮廓弧线，下面是较窄的耳垂。

Step
02 | 细分出耳朵的结构，在外轮廓线内部画一条卷曲的弧线——耳轮，用曲线绘制出对耳屏和耳轮的形状。

Step
03 | 擦去多余的辅助线，用流畅而干净的线条绘制出耳朵的形态。

Step
04 | 根据耳朵的结构，加深整体的明暗关系。

■ 3.3.1 女性正面头像

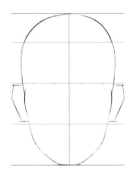

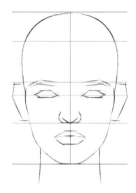

Step 01 | 用直尺绘制出一条垂直于上下纸边的中心线，并在上面确定出头的长度：最高点为头顶，最低点为下颚。在中心线上找出发际线的位置，将发际线至下颚分成三等份。根据头部长度确定头部宽度（正面头部长宽比例约为3：2）。绘制出头部轮廓和耳朵，头部类似于椭圆形，耳朵位于第二庭。

Step 02 | 确定出眉毛的范围，从眉头到眉峰的长度比从眉峰到眉尾的长度更长。在头顶到下颚之间约1/2处绘制一条横向的直线作为眼睛的位置，再将这条直线五等分，每份为一个眼睛的长度，两眼之间是一个眼睛的长度。鼻子位于第二庭，鼻翼左右对称。将鼻底到下颚之间的距离三等分，唇中线位于约1/3的位置，下嘴唇比上嘴唇更饱满。

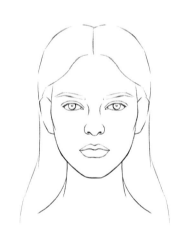

Step 03 | 根据上一步确定的范围绘制出女性五官的轮廓，然后根据发际线的位置确定发型的外轮廓。

Step 04 | 用铅笔为眉毛铺色，并绘制出眼眶周围的明暗关系，用较深的色调绘制出瞳孔。接着细化耳朵的结构，用灰调子表现出鼻头的体积感与嘴唇的饱满，注意唇中线颜色略深。

Step 05 | 用细腻的线条绘制出眉毛的质感，再用自动铅笔绘制眼睫毛，上眼睫毛从上眼皮往上外翻，下睫毛方向向下。用浅灰调表现交叠的头发，使头发的层次更加分明，再绘制一些飘散的碎发，让人物形象更加生动。注意每组头发之间相互穿插的关系，耳朵旁交叠的发丝更密集。

■ 3.3.2　男性侧面头像

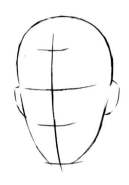

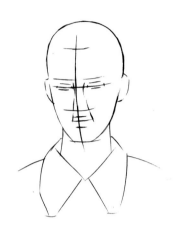

Step 01 微侧的角度可以看见侧面后脑勺的部分轮廓。先画出一个上面饱满、下面收拢的椭圆形，根据"三庭"的比例绘制出面部的透视线（侧面不同于正面，中线变成了随球体变化的弧线，因此眉心的连线、鼻底线、嘴角的连线是三条平行的弧线）。然后确定两只耳朵的位置，注意两只耳朵的大小有所不同。

Step 02 眉心点、鼻尖、嘴唇中点都在纵向的中线上。纸张右侧的眼睛比另一侧的眼睛略长，鼻翼相应地也发生了变化。只有把握好这些变化规律，才能准确地绘制出人物微侧面的头像。顺势画出脖子与衣领，注意衣领包裹住脖子的穿插关系。

Step 03 进一步绘制五官的轮廓，男性面部轮廓线的转折较女性要更加明显，以突出男性特征。根据头部的轮廓绘制出头发的范围。

Step 04 用橡皮擦去多余的辅助线，用流畅的线条绘制出人物面部的五官与服装。完善人物的五官结构，对额头前的头发进行分组，每组头发的方向应该有所变化。

Step 05 在上一步的基础上用细腻的线条表现眉毛的质感、绘制瞳孔等细节。细化头发的层次和发丝的细节，注意每组头发的交叠处颜色略深，以及头发的疏密对比。最后完善服装细节，绘制出纽扣。

■ 3.3.3 女性侧面头像

Step
01
微仰头的侧面人物比正面人物的表现难度更大，这个角度能看见侧面的后脑勺。画一个上面饱满、下面收拢的椭圆形，注意椭圆形的倾斜方向。用顺滑的曲线表现后脑勺和头顶，确定一只耳朵的位置，顺势画出人物仰头时脖子的状态。绘制出面部的透视线，中线变成了随球体变化的弧线，注意眉心点、鼻头、嘴唇中点都在这条中线上。

Step
02
确定五官与服装的范围。仰头的侧面的五官会有透视变化：耳朵这一面的眼睛长度比正面的眼睛长度略短一点，另一侧眼睛被遮挡；鼻子相应地也发生了变化，需要表现出鼻梁的高度与一侧的鼻翼。

Step
03
进一步细化五官的结构，然后根据发际线与头部的外轮廓确定头发的范围，其中3/4侧面的头发从发际线处往耳朵处延伸。

Step
04
完善五官：绘制出瞳孔与眼睫毛，用圆顺的线条绘制出鼻子的轮廓与微张的嘴巴，确定出耳朵的结构。

Step
05
进一步丰富人物：用细腻的线条表现眉毛的质感，加深人物的眼线与眼睫毛；用圆顺的线条绘制出服装的轮廓；细化头发的层次和发丝的细节，耳朵旁的头发更密集，最后在头发外缘绘制一些细碎的发丝，让头发更加生动。

■ 3.4.1　手部与手臂

手分为手掌与手指，手指的指关节呈弧形排列。服装设计效果图中的手与真实的手有所区别，无须写实地绘制手上的纹理特征，而是进行加工与美化，用概括的线条表现手指的转折关系。从手掌到指尖有三段指关节，可以概括为两段，省略中间的一段。在正常情况下，手掌与手指的长度接近。

绘制手部时，先用几何形体进行概括，确定手的长度，然后注意手的角度与透视，表现出关节的穿插关系。手的姿态多种多样，不同角度的手指的长度也会不同。

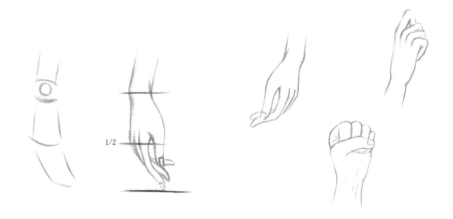

手臂指人的上肢，处于肩膀以下、手腕以上的部位，主要由与胸腔相连的肩部、上臂和前臂三部分组成。

绘制手臂时，先把它联想成几何形体进行概括——肩头、肘部、手腕类似圆球体，手臂为上粗下细的圆柱体，这样有助于确定手臂的结构；然后根据不同角度的透视关系绘制出微妙变化。女性手臂较男性而言更加圆润，绘制时线条应圆顺柔和。绘制男性的手臂时，可以适当地绘制出肌肉特征，体现男性的阳刚之气。

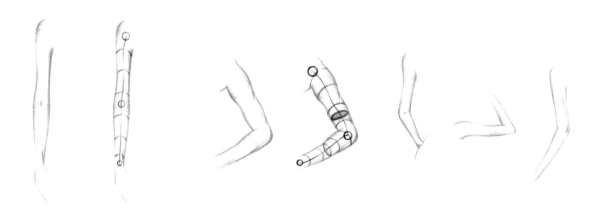

■ 3.4.2 腿部与脚

腿部支撑着身体的重量，在服装设计效果图中，它的运动范围比手臂更小，大腿与小腿两处的肌肉较发达。绘制腿部时，可以先用几何形体进行概括——用球体表示髋骨部分的大转子、膝盖、脚踝，用圆柱体表示大腿与小腿，然后用圆顺的曲线绘制出腿部线条。女性的腿部比男性更纤细，可以通过弱化膝盖处的结构表现腿部修长的轮廓。

绘制走姿的服装设计效果图时，需要把握好前后腿之间的关系。当一条腿向后弯曲时，小腿会发生透视变化，两只脚也变得大小不同，有时候后面抬起的脚会被另一条落地的腿遮挡。

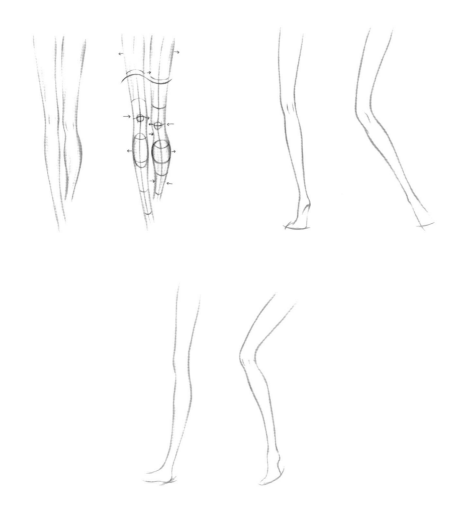

脚和腿部一样，都支撑着身体的重量。脚包括脚掌、脚弓与脚跟。服装设计效果图中的人物大部分情况下都穿着鞋子，所以脚并不是表现的重点，但是也需要了解与学习，掌握好脚的透视关系。绘制脚的时候，先用几何形体进行概括，然后细分出脚趾的形态，最后用圆顺的曲线绘制脚弓的弧度。脚的整体形态也会随着走路的姿势而发生变化。

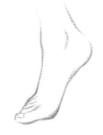
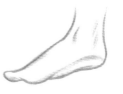

鞋子既是保护双脚的工具，也起着装饰的作用。鞋子款式众多，包括高跟鞋、皮鞋、凉鞋、运动鞋等。不同风格的服装需要搭配不同的鞋子，鞋子对整体造型有着提升作用。绘制鞋子时，需要先确定脚与鞋子的比例关系，然后绘制出鞋子的款式。

3.5　人体动态表现

　　一方面比例协调的优美人体能够更好地表现出服装的设计特点，另一方面服装也离不开人体的展示，因此绘制服装设计效果图必须先掌握好人体动态。人体动态的绘制需要注意人体比例，从长度、宽度、厚度这三个方面构建人体。协调的人体比例，离不开人体中各个部位之间的关系。在服装设计效果图中，直立与行走这两种动态使用频率最高。

■ 3.5.1 男性人体动态

Step 01 用直尺绘制出一条垂直于上下纸边的重心线，它也是正面直立人体的中心线。把直线平分为九份，确定好第一份为头的位置，男性的肩比女性更宽，略长于两个头的长度；确定好肩与臀的位置，绘制出胸腔与盆腔，胸腔为倒梯形、盆腔为正梯形；确定出双腿的走向。

Step 02 用几何形体概括出男性人体的各个部位：用圆球体表示肩头、肘部、手腕、膝盖与脚踝，用圆柱体表示脖子、手臂与大小腿。注意男性的胳膊比女性更粗壮。

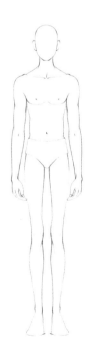

Step 03 根据乳突点的位置绘制出胸部的轮廓，注意男性比女性的肌肉线条更明显；根据几何形体绘制出人体轮廓线，通过交错的线条表现男性肱二头肌与腿部结实的肌肉。擦去多余的辅助线，只留下流畅的人体线条。

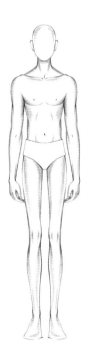

Step 04 完善锁骨、手指、膝盖等细节，用肉色的彩铅绘制出简单的明暗效果，表现出人体的体积感，注意保持画面干净。

■ 3.5.2 女性人体动态

Step
01
用直尺绘制出一条垂直于上下纸边的重心线，把直线平分为九份，确定好第一份为头的位置；然后确定好肩与臀的关系，根据肩与臀的线条绘制出胸腔与盆腔的几何形体，胸腔为倒梯形、盆腔为正梯形，两个梯形的短边延长线会重合于一点。臀部左边高于右边，左腿支撑身体的重量，因此左腿应该落在重心线上，以保持人体稳定。

Step
02
用圆球体表示肩头、肘部、手腕、膝盖与脚踝，用圆柱体表示脖子、手臂与大小腿。当人物行走时，左手在身体后被遮挡，右小腿为弯曲的姿态。

Step
03
根据乳突点的位置绘制出胸部的球体。因为右小腿是弯曲的姿势，所以小腿肚子会产生透视变化。根据几何形体绘制出人体的轮廓线，用光滑圆顺的曲线表现人体肌肉的美感，注意线条流畅自然。

Step
04
完善人体细节，用肉色的彩铅在暗面铺色，简单地表现出人体的体积感，注意保持画面干净整洁。

CHAPTER

04 人物妆容与
造型

■ 4.1.1 妆容案例 1

Step 01 | 用自动铅笔起稿，先根据人物五官比例确定人物轮廓，再用干净、流畅的线条绘制出人物的五官与发型。擦去多余的线条，避免对后期上色产生影响。

Step 02 | 上色之前先用画笔蘸上清水将面部轻轻润湿，然后调和肤色平涂于面部与脖子，绘制出皮肤的底色。待画纸半干时，将肤色与少量红色、柠檬黄进行调和，加深眼窝、颧骨、鼻梁侧面、面部对脖子的投影，表现出皮肤的体积感。

Step 03 | 调和土黄色与棕色，加入清水使颜色变浅，用小号水彩笔蘸取颜料，根据眉毛的走向进行铺色。调和棕色与少量赭石色，选用小号勾线笔蘸取颜料，顺着眉毛的走向进行勾勒，注意眉头处的眉毛比较稀疏，眉尾处颜色略深。调和玫红色与清水，晕染出眼影的色彩。

Step 04 | 用浅蓝色加深眼白的四周与眼角，表现出眼白的体积感。调和墨绿色与清水，绘制眼珠的底色，留出高光部分，体现出眼睛的光泽感；用黑色勾勒瞳孔、眼线与上睫毛；用棕色绘制出双眼皮的轮廓线，并勾勒出下睫毛的形态。

Step
05 | 用小号水彩勾线笔蘸取棕色勾勒出鼻梁的形状与鼻翼底端，再用熟褐色绘制出鼻孔。将玫红色与清水进行混合，绘制出嘴唇底色。

Step
06 | 调和玫红色与少量大红色，进一步丰富嘴唇的色彩，加深上嘴唇与下嘴唇边缘，绘制出嘴唇的体积感。用赭石色加少量熟褐色勾勒唇中线与两边嘴角，加强嘴唇的体积感。

Step
07 | 调和柠檬黄与清水，绘制出头发的底色，然后在柠檬黄中加入少量土黄色，根据人物头发的走向加深头发的暗部，初步表现出头发的体积感。

Step
08 | 调和土黄色与少量棕色，继续加深头发的暗部。用小号水彩勾线笔蘸取浅棕色勾勒出细腻的发丝，表现出头发的质感。

Step
09 | 调和棕色与清水，用毛笔蘸取颜料，简单地绘制出服装的肌理。

Step
01

用自动铅笔起稿，先根据人物仰头的动态确定人物头部的比例，再绘制出人物的五官、发型与耳饰。注意线条流畅、自然，保持画面干净。

Step
02

上色之前先用画笔蘸上清水将皮肤部分轻轻润湿，然后调和较浅的肤色平涂于面部与脖子。待画纸半干时，将肤色与少量红色、柠檬黄进行调和，加深眼窝、颧骨、鼻梁侧面、锁骨等部位。之后，调和肤色与少量赭石色，加深面部对脖子的投影，表现出人物皮肤的体积感与光感。

Step
03

调和土黄色与少量棕色，加入大量清水使颜色变浅，用小号水彩笔蘸取颜料，根据眉毛的走向进行铺色。选用小号水彩勾线笔蘸取浅棕色，根据眉毛的生长方向勾勒出一根根眉毛。调和橘黄色与清水，绘制出眼影的底色。

Step
04

用浅蓝色加深眼白的四周与眼角，表现出眼白的体积感。调和湖蓝色与清水，绘制眼珠的底色，然后用黑色勾勒瞳孔与眼球四周，用白色提亮高光部分，体现出眼睛的光泽感。选择棕色绘制出双眼皮的轮廓线，再用小号水彩勾线笔蘸取黑色，勾勒出眼线与眼睫毛，注意上、下眼睫毛的长度差不多，表现出独特的人物妆容。

Step 05 | 选取小号水彩勾线笔蘸取浅棕色勾勒出鼻梁的轮廓线与鼻翼的形状，再用熟褐色绘制出鼻底。调和玫红色与少量清水，绘制出嘴唇的颜色。调和肤色与清水，绘制出牙齿的颜色。

Step 06 | 将玫红色与赭石色进行调和，加深嘴唇的颜色，然后混入少量熟褐色来加深嘴唇的暗部，塑造出嘴唇的体积感。用白色提亮嘴唇的高光部分，表现出唇妆的特点。用浅棕色绘制出嘴唇对牙齿的投影，再勾勒出牙齿的轮廓线。

Step 07 | 调和浅棕色、少量橘黄色与清水，绘制出头发的底色，然后混入土黄色，根据人物头发的走向加深头发的暗部，塑造出头发的体积感。

Step 08 | 调和棕色与少量熟褐色，继续加深头发的暗部。用小号水彩勾线笔蘸取颜料，勾勒出细腻的发丝，并区分头发的分组，表现出头发的质感与层次。

Step 09 | 选择柠檬黄绘制出耳饰的底色，用橘黄色加深暗部，用棕色勾勒出耳饰的轮廓线。蘸取饱满的黑色绘制出服装，注意边缘部分要自然、随意。

■ 4.1.3　妆容案例 3

Step 01 | 用自动铅笔起稿，先确定人物头部的比例，再绘制出人物的五官、发型与耳饰，注意额头两侧头发的形态。

Step 02 | 先用画笔蘸上清水将皮肤部分润湿，调和较浅的肤色平涂于面部与脖颈，然后将肤色与少量红色、柠檬黄进行调和，加深眼窝、颧骨、鼻梁侧面、耳朵、锁骨等部位，最后调和肤色与少量赭石色，加深面部对脖子的投影，表现出人物皮肤的体积感。

Step 03 | 调和土黄色、浅棕色与清水，用小号水彩笔蘸取颜料，按照眉毛的形状进行铺色，注意眉毛的边缘形态要自然。

Step 04 | 用小号勾线笔蘸取深棕色，根据眉毛的生长方向从眉头开始进行勾勒，绘制出一根根眉毛，再蘸取熟褐色勾勒出眉峰处转折的眉毛。调和赭石色、浅棕色与清水，绘制眼珠的底色，并在眼眶周围绘制出上、下眼影的色彩。用浅蓝色加深眼白的四周与眼角，表现出眼白的体积感。

Step 05 | 用深棕色绘制出双眼皮的轮廓线，用黑色勾勒瞳孔与眼球四周。用小号水彩勾线笔蘸取黑色，勾勒出眼线与眼睫毛，注意上睫毛比下睫毛长。用白色提亮眼睛与眼影的高光部分，体现出光泽感。

Step 06 | 选取小号水彩勾线笔蘸取浅棕色，勾勒出人物鼻翼的轮廓线，再用深棕色绘制出鼻孔。调和少量朱红色与清水，铺出嘴唇的颜色，再用饱满的朱红色加深嘴唇的暗部，初步表现出嘴唇的体积感。

Step 07 调和大红色与少量赭石色，根据嘴唇的起伏来加深它的暗面，然后将大红色与深棕色进行调和，勾勒出嘴唇的轮廓线与唇中线。用水彩笔蘸取饱和度较低的白色来提亮下嘴唇的高光，塑造出唇妆的效果。

Step 08 调和棕色与清水，绘制出人物头发暗部的色彩，亮面的头发留白。用柠檬黄绘制出耳饰的色彩，再用小号水彩勾线笔蘸取棕色，勾勒出耳饰的轮廓。

Step 09 用小号水彩笔蘸取棕色绘制出暗面的头发，再用小号水彩勾线笔蘸取熟褐色从暗面向亮面勾勒出细腻的发丝，拉开头发的层次。最后绘制出额头两侧弯曲的碎发，让人物更加生动。

Step 10 蘸取饱满的大红色绘制出服装的色彩，然后混入少量赭石色来加深它的暗部，简单地表现出服装的体积感。最后用小号水彩勾线笔蘸取熟褐色，勾勒出服装的轮廓。

人物的造型包括妆容、发型、服装与饰品，不同的妆容与发型需要搭配不同的服饰，不同色彩的妆容、不同长度的发型都会影响整体造型。塑造出合适的造型可以更好地突出独特的气质。

■ 4.2.1 商务绅士风

Step 01 | 用自动铅笔起稿，先根据"三庭五眼"的原则确定人物头部的比例，再绘制出人物的五官、发型与服装。注意人物微侧时两只耳朵的大小会不同，线条要流畅以利于上色。

Step 02 | 先用画笔蘸上清水将皮肤部分轻轻地润湿，再调和较浅的肤色平涂于面部与脖颈。

Step 03 | 先将肤色与少量红色、柠檬黄进行调和，加深额头两侧、眼窝、颧骨、鼻梁侧面、耳朵内侧、喉结暗面等部位，再调和肤色与少量赭石色，加深面部对脖子的投影，表现出人物皮肤的体积感。

Step 04 | 用浅棕色铺出眉毛的色彩。调和湖蓝色与清水绘制出眼珠的底色，用浅蓝色加深眼白的四周与眼角，表现出眼白的体积感。用小号水彩勾线笔蘸取棕色，勾勒出双眼皮的轮廓。

Step 05 | 选择小号水彩勾线笔蘸取棕色，勾勒出眉毛，表现出眉毛的质感。用黑色勾勒瞳孔与眼球四周，再用白色提亮眼球的高光，表现出眼睛的明亮。用小号水彩勾线笔蘸取黑色勾勒出上睫毛，用棕色勾勒出下睫毛，注意上睫毛比下睫毛要长。

Step 06 | 用小号水彩勾线笔蘸取浅棕色勾勒出人物鼻翼与鼻底的轮廓线，用棕色绘制出鼻孔的形状。调和赭石色与少量棕色，用小号水彩勾线笔勾勒出耳朵的结构线与面部的轮廓线。

Step 07 | 调和少量玫红色与大量清水，铺出嘴唇的颜色，留出下嘴唇的高光区域。

Step 08 | 在玫红色中混入大红色、少量赭石色，绘制出上嘴唇对下嘴唇产生的投影，用小号水彩勾线笔蘸取颜料勾勒出嘴唇的轮廓，用棕色绘制出唇中线，用白色提亮下嘴唇的高光。

Step 09 | 调和土黄色、浅棕色与清水，铺出头发的底色，暗面的色彩略深。

Step 10 | 用棕色继续加深头发的暗部。调和棕色与少量熟褐色，用小号水彩勾线笔蘸取颜料，根据头发的方向勾勒出暗部的发丝，表现出头发的质感。

Step 11 | 调和土黄色与清水，在毛领的暗部与边缘绘制出较短的粗线条。调和深蓝色与清水，铺出内搭的色彩，绘制出外套的轮廓。

Step 12 | 调和土黄色与棕色，以不同方向的线条加深毛领的暗部。蘸取饱满的深蓝色绘制出内搭服装上的条纹，用熟褐色勾勒出它的轮廓线。用深蓝色加深外套领子的投影。

Step
01

用自动铅笔起稿，先确定人物头部的比例，再细致地绘制出人物的五官、发型与服装，注意人物微侧时两只耳朵的大小会不同。

Step
02

用画笔蘸上清水，打湿皮肤部分的纸面，调和较浅的肤色平涂于面部与脖颈。

Step
03

调和少量红色、柠檬黄与肤色，加深人物的眼窝、颧骨、鼻梁侧面、耳朵内侧；将肤色与少量赭石色进行调和，加深面部对脖子的投影，表现出人物皮肤的体积感。

Step
04

用浅棕色铺出眉毛的色彩。调和湖蓝色与清水，绘制出眼珠的底色，用较浅的棕色加深眼白的四周与眼角，表现出眼白的体积感。调和少量赭石色与清水，绘制出上、下眼影的色彩，注意上眼影的高光区域需要留白。

Step
05
选择小号水彩勾线笔蘸取棕色，勾勒出眉毛，
被头发遮挡的眉毛可以省略。用黑色勾勒瞳孔
与眼球四周，用白色提亮瞳孔的高光。调和熟
褐色与少量黑色，用小号水彩勾线笔勾勒出上
睫毛，用深棕色勾勒出下睫毛与双眼皮的轮廓。

Step
06
选取小号水彩勾线笔蘸取棕色，勾勒出人物鼻
翼与鼻底的轮廓线，之后用深棕色绘制出鼻孔
的形状。

Step
07
调和少量玫红色与清水，铺出嘴唇的颜色。
在玫红色中混入少量赭石色，绘制出上嘴唇
对下嘴唇产生的投影，用小号水彩勾线笔蘸
取颜料勾勒出嘴唇的轮廓，用棕色绘制出唇
中线，用白色提亮下嘴唇的高光。

Step
08
调和棕色、少量赭石色与清水，铺出头发的底色。

Step
09 调和赭石色与棕色加深头发
整体的色彩，用深棕色绘制
出头发的暗部，初步表现出
头发整体的体积感。

Step
11 调和丁香紫与清水绘制出高领口的暗面，亮面留白；用饱满的
紫色勾勒出领口的轮廓线；用浅紫色绘制出纵向的曲线，表现
出服装的纹理。

Step
10 调和棕色与少量熟褐色，
用小号水彩勾线笔蘸取颜
料，根据头发的方向勾勒
出细长的发丝，并用熟褐
色加深暗部的发丝。绘制
出不同方向的碎发，让人
物的发型更加丰富。

Step
01

用自动铅笔起稿，先根据"三庭五眼"的原则
确定人物头部的比例，然后绘制出人物的五官、
发型与服装。先对人物的发型进行分组，再绘
制细腻的发丝，注意线条流畅。

Step
02

在皮肤部分的纸面铺上一层清水，调和较浅的
肤色平涂于面部与脖颈。

Step
03

先将肤色与少量红色、柠檬黄进行调和，加深
眼窝、颧骨、鼻梁侧面、耳朵内侧、喉结暗面
等部位，再调和肤色与少量赭石色，加深面部
对脖子的投影、服装对皮肤产生的阴影，表现
出人物皮肤的体积感。

Step
04

调和土黄色、少量棕色与清水，铺出眉毛的色彩；
调和墨绿色与清水，绘制出眼珠的底色；用小
号水彩勾线笔蘸取棕色，勾勒出双眼皮的轮廓。

Step 05 | 调和土黄色与棕色，用小号水彩勾线笔勾勒出眉毛，注意眉头处的眉毛较稀疏。用黑色勾勒瞳孔与眼球四周，用白色提亮瞳孔的高光。用小号水彩勾线笔蘸取黑色勾勒出上睫毛，用棕色勾勒出下睫毛。

Step 06 | 选取小号水彩勾线笔蘸取浅棕色，勾勒出人物鼻翼与鼻底的轮廓线，然后用深棕色绘制出鼻孔的形状。调和赭石色与少量棕色，用小号水彩勾线笔勾勒出耳朵的结构线与面部的轮廓线，注意线条的深浅变化。

Step 07 | 调和少量玫红色与大量清水，铺出嘴唇的颜色，下嘴唇的高光区域需要留白。

Step 08 | 在玫红色中混入少量大红色，加深嘴唇的暗面。用小号水彩勾线笔蘸取颜料，根据嘴唇的起伏勾勒出下嘴唇的唇纹。调和大红色与赭石色，绘制出唇中线与下嘴唇的外轮廓。

Step 09 | 在头发区域的纸面上铺上一层清水，调和赭石色、浅棕色与清水，铺出头发的底色，然后混入棕色进行调和，趁湿加深头发暗面的色彩。

Step 10 | 用棕色继续加深暗部每一小簇的头发。调和深棕色与赭石色，用小号水彩勾线笔蘸取颜料，勾勒出人物的发丝，再用熟褐色勾勒暗部颜色最深的发丝，注意头发的卷曲方向。

Step 11 | 调和玫红色与清水，铺出衬衫的色彩。用毛笔蘸取干净的清水，轻轻地润湿外套部分的纸面，调和大红色与清水晕染出外套的色彩，然后在边缘滴上几滴清水，形成水花效果。

Step 12 | 调和大红色与赭石色，趁湿加深外套的色彩，然后绘制出领口的纹理。调和玫红色与少量朱红色，加深衬衫的暗面，再用红色绘制出波点图案，注意图案的深浅变化。用小号水彩勾线笔蘸取赭石色，勾勒出服装的轮廓线。

■ 4.3.1 古典优雅风

Step 01 | 用自动铅笔起稿，先根据"三庭五眼"的原则确定正面头部的比例，再绘制出人物的五官、脖颈、发型与头饰。注意人物正面时左右五官的对称，线条应该流畅、自然。

Step 02 | 先用画笔蘸上清水，轻轻润湿皮肤部分的纸面，然后调和较浅的肤色平涂于面部与脖子，绘制出皮肤的底色。

Step 03 | 调和肤色、少量红色与柠檬黄，加深额头、眼窝、颧骨、鼻梁侧面、脖子暗面等部位，表现出人物皮肤的体积感。注意笔触柔和，体现出皮肤的光滑与质感。

Step 04 | 调和浅棕色与清水，铺出眉毛的底色。将桃红色与丁香紫进行调和，在眼眶周围晕染出眼影的色彩。用小号水彩勾线笔蘸取棕色，根据眉毛的生长方向勾勒出细腻的眉毛，表现出它的质感。蘸取湖蓝色绘制出眼球的底色，留出它的高光区域。

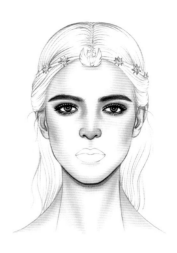

Step 05 | 用黑色勾勒出眼线、瞳孔与上睫毛，用棕色勾勒出双眼皮的轮廓与下睫毛，用白色提亮眼妆的高光。

Step 06 | 调和肤色、柠檬黄与朱红色，加深鼻头的色彩与耳朵的暗面，表现出它们的体积感。继续混入少量赭石色，绘制出面部对脖子的投影。用小号水彩勾线笔蘸取浅棕色，勾勒出鼻翼的轮廓，用熟褐色绘制鼻孔。最后用棕色勾勒出面部的轮廓线与耳朵的结构线。

Step 07 | 调和玫红色与清水，绘制出嘴唇的颜色，注意下嘴唇的高光留白。

Step 08 | 蘸取饱满的玫红色，加深嘴唇的颜色，表现出嘴唇的体积感。将赭石色与少量棕色进行调和，加深唇中线、两边嘴角与嘴唇的轮廓。

Step 09 | 调和橘黄色、土黄色与清水，根据人物的发型绘制出人物头发的底色。

Step 10 | 调和橘黄色、赭石色与棕色，根据人物的发型加深头发的暗面，塑造出整体的体积感。

Step 12 | 先调和橘黄色与少量土黄色，加深头饰的暗面，塑造出它的体积感，再用小号水彩勾线笔蘸取熟褐色，勾勒出头饰的轮廓线。调和赭石色与棕色，绘制出人物的服装，笔触要轻松而自然。

Step 11 | 用小号水彩勾线笔蘸取棕色，勾勒出人物的发丝；用熟褐色勾勒出暗面每一簇头发的发丝，让人物的发型更加明晰；蘸取柠檬黄为头饰铺色。

Step 01　用自动铅笔起稿，先根据"三庭五眼"的原则确定3/4侧人物头部的比例，再绘制出人物的五官、发型、脖颈与肩部。注意人物3/4侧面时的透视关系，线条要流畅、自然。

Step 02　上色之前先用画笔蘸上清水，将人物的皮肤部分轻轻润湿，然后调和较浅的肤色平涂于面部与脖子，绘制出皮肤的底色。

Step 03　在肤色中加入少量红色、柠檬黄进行调和，加深额头、眼窝、颧骨、鼻梁侧面、脖子暗面、锁骨等部位；调和肤色与少量赭石色，加深面部对脖子的投影，加强人物皮肤的体积感。

Step 04　调和赭石色与棕色，铺出眉毛的色彩。调和湖蓝色与清水绘制出眼球的底色，用浅蓝色加深眼白的四周与眼角，表现出眼白的体积感。用毛笔蘸取橘黄色，晕染出人物的眼影。

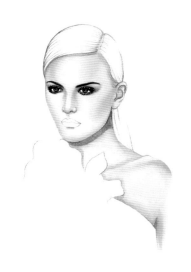

Step 05　调和棕色与熟褐色，用小号水彩勾线笔绘制出人物的细长眉毛，并勾勒出双眼皮的轮廓。用黑色勾勒瞳孔与眼球四周，用白色提亮瞳孔的高光。用小号水彩勾线笔蘸取黑色，勾勒出眼睫毛，注意上睫毛比下睫毛更长。

Step 06　选取小号水彩勾线笔蘸取浅棕色，勾勒出鼻翼与鼻底的轮廓线，用深棕色绘制出鼻孔的形状。调和赭石色与少量棕色，用小号水彩勾线笔勾勒出耳朵的结构线与面部的轮廓线。调和少量玫红色与大量清水铺出嘴唇的颜色，用大红色加深嘴唇的暗部。

Step 07 | 首先在大红色中混入赭石色，根据嘴唇的结构加深嘴唇的暗面，然后调和大红色与深棕色，绘制出唇中线与嘴唇的外轮廓，最后用小号水彩勾线笔蘸取白色，提亮下嘴唇的高光。

Step 08 | 先在头发区域的纸面上铺上一层清水，然后蘸取柠檬黄，铺出头发的底色。

Step 09 | 调和柠檬黄与土黄色，加深头发的色彩。趁纸面润湿时，在头发暗面铺上棕色，表现出头发整体的体积感。

Step 10 | 用棕色绘制出人物的发丝，再调和棕色与熟褐色，用小号水彩勾线笔蘸取颜料，根据头发的方向在暗面勾勒出发丝，发丝从暗面向亮面延展。蘸取白色绘制出亮面头发的高光，以增强头发的体积感。最后在发际线的地方绘制出几缕碎发，让人物的发型更加丰富。

Step 11 | 选择柠檬黄铺出服装的色彩，用土黄色绘制出服装上的纹理，再用毛笔蘸取柠檬黄，用洒脱的笔触绘制出胸前的花朵造型。

Step 12 | 用小号水彩勾线笔蘸取棕色，勾勒出服装的轮廓，简单地表现出它的层次感。用毛笔蘸取干燥的黑色，在人物周围绘制出背景的色彩。

CHAPTER

05 不同色系的服装
设计效果图绘制

■ 5.1.1 红色的搭配原理

服装设计效果图中常用的红色有粉红色、桃红色、朱红色、橘红色、玫红色、大红色、深红色、赭石色等。

粉红色比较甜美、浪漫，是一种富有少女气息的色彩。

桃红色饱和度较高，既不像粉红色那么少女，也不像大红色那么浓烈，却也是一种很亮眼的色彩。它常与黑色皮肤进行搭配，产生一种碰撞的时尚感。

朱红色的饱和度比大红色低，是一种知性的红色，给人充满朝气的感觉。

橘红色给人温暖、不张扬的感觉。

玫红色给人时尚、前卫的感觉，同时具有几分妖娆与性感。

大红色在红色系中饱和度极高，属于浓烈的色彩，给人激昂、耀眼的感觉，适合热闹的场合。

深红色与赭石色都比较深沉、厚重，在服装搭配中起着稳定的作用。

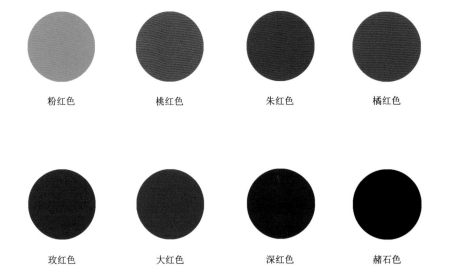

粉红色	桃红色	朱红色	橘红色
玫红色	大红色	深红色	赭石色

Step
01

用自动铅笔起稿，绘制出模特的比例和动态，并在此基础上画出模特的五官、发型、服装与包饰。注意线条流畅，画面干净整洁。

Step
02

上色前用清水润湿皮肤部分的纸面，调和肤色平涂于皮肤。待画纸半干时，用少量玫红色、柠檬黄与肤色进行调和，加深眉弓、眼窝、颧骨、面部对脖子的投影、手臂的暗面、手指的转折处等部位，体现出人体的体积感。

Step
03

用小号水彩勾线笔蘸取棕色绘制眉毛，用赭石色晕染眼影。调和湖蓝色绘制眼球底色，留出高光，用黑色勾勒眼线与瞳孔。选择浅棕色勾勒鼻翼，调和熟褐色与少量黑色绘制鼻孔。用大红色绘制嘴唇颜色，注意下嘴唇的高光留白，再用赭石调和少量红色加深唇中线与两边嘴角，让嘴唇更加丰满。

Step
04

调和棕色与清水，绘制出头发的底色，亮面记得留白。调和棕色与少量熟褐色加深头发的暗部，再选择小号水彩勾线笔蘸取熟褐色，根据头发层次勾勒发丝暗部。注意线条流畅，绘制出发丝的质感。用清水调和朱红色，绘制出皮草的底色。

Step
05

调和朱红色与大红色，加深皮草的暗部，注意用笔的方向与皮草的方向一致。

Step
06

调和大红色与赭石色，用小号水彩勾线笔蘸取颜料，根据皮草的方向勾勒出一根根细腻的线条，注意线条长短各异。调和大红色与棕色，在暗部勾勒少许较短的线条，以表现皮草的体积感。

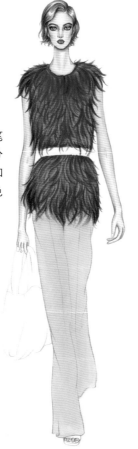

Step
07

上色之前先用水彩笔蘸取清水将裤子部分的纸面润湿，再调和柠檬黄与少量橘黄色绘制出裤子的底色。

Step
08

选择橘黄色绘制出裤子的暗部，调和橘黄色与少量棕色来加深裤子的褶皱与暗面，注意两条腿交界处的裤子颜色可以进一步加深。最后用小号水彩勾线笔蘸取棕色，勾勒裤子的轮廓线。

Step 09 用清水润湿手提包部分的纸面，趁湿晕染浅棕色于包的暗部，让颜色从暗部向亮部自然过渡。

Step 10 调和棕色与熟褐色，先用较干的笔触绘制出手提包的暗部褶皱，再用小号水彩勾线笔蘸取颜料，勾勒出手提包的轮廓。

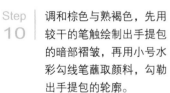

Step 11 用墨绿色绘制出手指上宝石的色彩，留出宝石的高光，并用熟褐色勾勒轮廓线。选择黑色绘制出腰带与鞋子的色彩，用白色点缀鞋子上的亮片。

5.2 黄色

■ 5.2.1 黄色的搭配原理

服装设计效果图中常用的黄色有鹅黄色、柠檬黄、橘黄色、土黄色、金色、棕色等。

鹅黄色饱和度较低，是一种柔和、干净、淡雅的色彩。

柠檬黄是充满活力的色彩，十分鲜活与亮眼，给人希望、健康的感觉。它与其他的色彩进行搭配，会使服装整体造型更具动感。

橘黄色象征着青春、时尚，给人温暖、欢快的感觉。它与深色服装进行搭配，不仅可以提亮气色，还可以打破沉闷，使整体造型看起来别具一格。

土黄色是一种典雅、稳重的色彩。它的饱和度较低，因此给人一种历史感。它常用于复古造型搭配中，传达出浓厚的"古罗马"气息。

金色是比较高级的色彩，给人端庄、华丽的感觉，在造型中加入少量金色点缀，会提升整体造型的时尚感。

棕色比较沉静、敦厚，它可以属于红色与黄色之间的任何一种颜色，服装设计效果图中最深的黄色调可以用棕色进行调和。

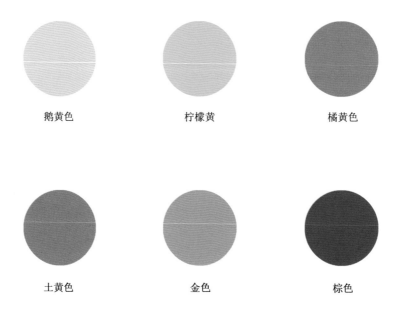

鹅黄色   柠檬黄   橘黄色

土黄色   金色   棕色

Step
01
用自动铅笔起稿，绘制出模特的比例和动态，并在此基础上画出模特的五官、发型与服装，注意把握好模特双手插兜时人体与服装之间的关系。

Step
02
用清水将皮肤部分的纸面润湿，调和肤色绘制出皮肤的底色。待画纸半干时，将少量玫红色、柠檬黄与肤色进行调和，加深眉弓、眼窝、颧骨、面部对脖子的投影、腿的暗面等部位，塑造出人体的体积感。

Step
03
调和赭石色与棕色，用小号勾线笔绘制眉毛。用棕色晕染眼影并绘制双眼皮，调和群青色绘制眼球底色，留出高光，用黑色勾勒眼线、眼睫毛与瞳孔。选择浅棕色勾勒鼻翼，调和熟褐色与少量黑色绘制鼻孔。用玫红色绘制嘴唇颜色，注意下嘴唇的高光留白，再用赭石调和少量玫红色来加深唇中线与两边嘴角，体现嘴唇的体积感。

Step
04
将棕色、少量赭石色与清水进行调和，绘制出头发的底色。

Step
05

调和赭石色与少量熟褐色加深头发的暗部，再选择小号水彩勾线笔蘸取熟褐色，根据头发层次勾勒发丝暗部，绘制出发丝的质感。注意靠近人体部分的头发颜色更深。用湖蓝色绘制出耳饰中宝石的色彩，留出高光部分。

Step
06

用清水调和柠檬黄，绘制出衬衫的底色。

Step
07

在柠檬黄中混入少量土黄色进行调和，绘制出衬衫的暗面，初步表现出衬衫的体积感。

Step
08

在上一步的颜色中继续加入少量棕色，调和后继续加深衬衫的褶皱，再用小号水彩勾线笔蘸取棕色，勾勒出衬衫的结构线与轮廓线，使它的结构更加清晰。

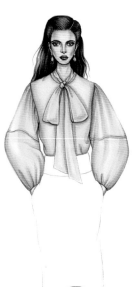

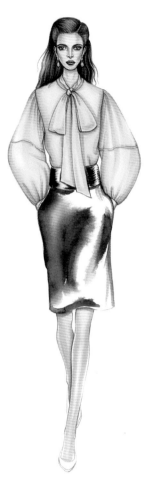

Step 09   先用清水将裙子部分
的纸面轻轻润湿，然
后调和黑色与清水，
趁纸面半湿时，在裙
子的暗面进行晕染，
亮面留白。

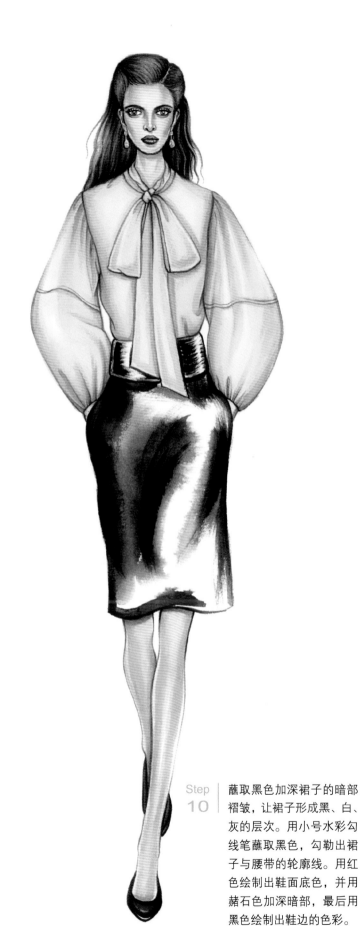

Step 10   蘸取黑色加深裙子的暗部
褶皱，让裙子形成黑、白、
灰的层次。用小号水彩勾
线笔蘸取黑色，勾勒出裙
子与腰带的轮廓线。用红
色绘制出鞋面底色，并用
赭石色加深暗部，最后用
黑色绘制出鞋边的色彩。

5.3　绿色

■ 5.3.1　绿色的搭配原理

服装设计效果图中常用的绿色有嫩绿色、草绿色、灰豆绿、橄榄绿、翠绿色、墨绿色等。

嫩绿色充满了生命力与青春气息，给人活泼、明快的感觉。

草绿色象征着蓬勃生机，是一种清新、亮丽的色彩。

灰豆绿明度适中，饱和度较低，是一种比较中和的色彩，给人从容、沉静的感受。

橄榄绿饱和度较低，给人优雅、低调的印象。

翠绿色饱和度较高，给人冷艳、神秘的感觉。

墨绿色明度较低，是一种非常高雅的色彩，给人复古、典雅的感觉，应用于服装造型之中会使整体造型非常耐看、高级。

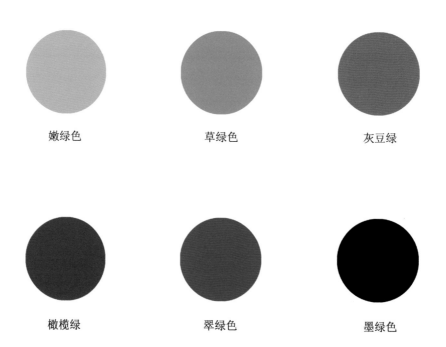

嫩绿色　　　　　　　　草绿色　　　　　　　　灰豆绿

橄榄绿　　　　　　　　翠绿色　　　　　　　　墨绿色

Step 01 ｜ 用自动铅笔起稿，绘制出模特的比例和动态，并在此基础上画出模特的五官、发型与服装。注意模特行走时服装的裙摆会发生透视变化。

Step 02 ｜ 用清水轻轻润湿皮肤部分的纸面，调和肤色平涂于皮肤。将少量玫红色、柠檬黄与肤色进行调和，加深眉弓、眼窝、颧骨、锁骨、手臂与腿部的暗面等，注意半透明服装下人体的颜色比露出来的皮肤的颜色略浅。调和肤色与少量赭石色，加深面部对脖子的投影、服装对腿部产生的阴影，加强人体的立体感。

Step 03 ｜ 用小号水彩勾线笔蘸取棕色绘制出细长的眉毛，用赭石色绘制双眼皮。调和湖蓝色绘制眼球的底色，并留出高光，再用黑色勾勒眼线与瞳孔。选择浅棕色勾勒鼻翼，调和熟褐色与少量黑色绘制鼻孔。用朱红色绘制出嘴唇的颜色，下嘴唇的高光需要留白，再用赭石色调和少量朱红色加深唇中线与两边嘴角，表现出嘴唇的体积感。

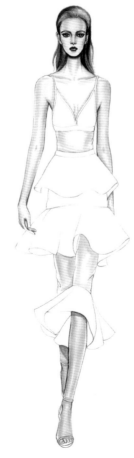

Step 04 ｜ 将棕色与少量清水进行调和，绘制出头发的底色。

Step 05 | 调和棕色与少量熟褐色加深头发的暗部，再选择小号水彩勾线笔蘸取熟褐色，根据头发层次勾勒发丝暗部，绘制出发丝的质感。最后添加几缕飘逸的碎发，使头发整体更加自然、生动。

Step 06 | 用清水调和墨绿色、少量群青色绘制出裙子的底色，注意受环境光的影响，裙子不同部位的色彩会有差异。

Step 07 | 蘸取饱满的墨绿色，加入少量深蓝色进行调和，加深裙子的暗部，塑造出面料的厚重感，再用小号水彩勾线笔蘸取颜料，勾勒出裙子的轮廓线。

Step 08 | 调和黑色与大量清水，用毛笔蘸取颜料轻轻地罩在人体上，呈现薄纱的效果，注意笔上的水分应适量。跟随人体的转折关系加深薄纱的暗面，用小号水彩勾线笔蘸取颜料勾勒它的轮廓线。

Step 09 用饱满的黑色绘制出薄纱上的圆点图案，注意圆点图案的形状会跟随人体产生变化。

Step 10 用黑色绘制出高跟鞋的色彩，鞋子绑带的亮面需要留白，以体现出光泽感。

■ 5.4.1 蓝色的搭配原理

服装设计效果图中常用的蓝色有天蓝色、湖蓝色、群青色、宝石蓝、钻蓝色、深蓝色等。

天蓝色比较纯净、澄澈，给人豁达、开阔的感觉。

湖蓝色是蓝色系中偏绿的蓝色。它是一种静谧的色彩，宁静而幽远，让人感到舒适与放松。

群青色明度适中，给人深邃的感觉，群青色的服装有着低调奢华的质感。

宝石蓝的饱和度较高，是一种晶莹剔透的蓝色，给人高贵、典雅的感觉。

钻蓝色除了拥有蓝色的神秘感，还多了一些鲜丽，比较适合白种人。

深蓝色的明度和饱和度都较低，给人冷静、沉稳的印象，可以与众多鲜艳的色彩进行搭配。

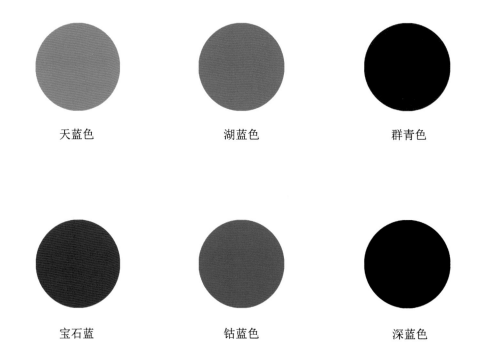

天蓝色   湖蓝色   群青色

宝石蓝   钻蓝色   深蓝色

Step 01 | 用自动铅笔起稿，绘制出模特的比例和动态，并在此基础上画出模特的五官、发型与服装。注意几种不同面料之间的比例关系。

Step 02 | 用清水将皮肤部分的纸面润湿，调和肤色平涂于皮肤。待画纸半干时，将少量玫红色、柠檬黄与肤色进行调和，加深眉弓、眼窝、颧骨、鼻梁侧面、面部对脖子的投影、锁骨、手臂与腿部的暗面等部位，塑造出人体的体积感。用小号水彩勾线笔蘸取赭石色，勾勒出人体转折处的轮廓。

Step 03 | 用小号水彩勾线笔蘸取深棕色绘制出上挑的眉毛，用赭石色绘制出上下眼影。调和湖蓝色绘制眼球的色彩，并留出高光，再用黑色勾勒眼线与瞳孔。选择浅棕色勾勒**鼻翼**，熟褐色绘制鼻孔。用大红色绘制出嘴唇的颜色，下嘴唇的高光需要留白，再用赭石色调和少量朱红色加深唇中线、两边嘴角与下嘴唇的轮廓。

Step 04 | 调和赭石色与浅棕色，绘制出头发的底色。

Step 05 | 根据头发的层次，用棕色加深头发的暗部，表现出头发的体积感。选择小号水彩勾线笔蘸取深棕色，勾勒出发丝，再添加几缕飘逸的长发，让整体头发更加生动。调和湖蓝色与清水绘制出发带的色彩，再用群青色加深两边的暗面。

Step 06 | 将黑色、群青色分别与清水进行调和，铺出服装的基本色。

Step 07 | 根据人体的结构，用黑色加深服装的暗部，表现出服装的体积感。调和群青色与少量深蓝色绘制出拼接面料的褶皱，与亮面形成明暗对比，塑造出面料的质感。

Step 08 | 选择小号水彩勾线笔蘸取饱满的黑色，绘制出裙子的吊带与面料上层叠的褶皱，并继续勾勒出黑色蕾丝图案。先用毛笔蘸取清水，将下半身裙摆的纸面轻轻润湿，再调和深紫色、少量群青色与清水，晕染出服装的暗面，让色彩向亮面自然扩散。

Step 09 | 用中号水彩笔蘸取饱满的深紫色绘制出皮草。注意线条是中间粗、末尾细，且每根线条的方向不同。

Step 10 | 用小号水彩勾线笔蘸取深紫色，勾勒出细长的皮草，再用白色绘制出亮面的皮草。皮草裙的皮草可以疏密有致，让服装整体收放自如。

Step 11 | 调和黑色与清水，铺出鞋子的色彩，用饱满的黑色加深鞋子的暗面，用白色提亮鞋面的高光，塑造出鞋子的体积感。

■ 5.5.1 紫色的搭配原理

服装设计效果图中常用的紫色有淡紫色、丁香紫、灰紫色、深紫色等。

淡紫色饱和度较低，给人婉约、温柔的感觉。淡紫色服装舒适、淡雅，显得皮肤更加白皙。

丁香紫明度适中，给人优雅、柔美的感受，透露着东方女性的温婉大方、典雅高贵，适用于各种服装面料。

灰紫色明度和饱和度都较低，给人沉稳、耐看的感觉。

深紫色充满着神秘感，比较低调，常与其他紫色进行搭配，体现舒适的视觉过渡效果。

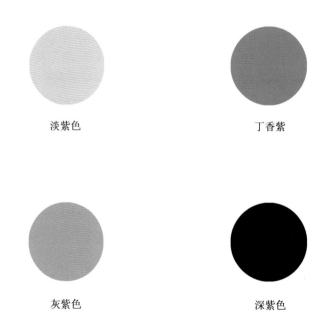

淡紫色   丁香紫

灰紫色   深紫色

Step 01 用自动铅笔起稿，绘制出模特的比例和动态，并在此基础上画出模特的五官、发型与服装。注意两种不同面料之间的穿插关系。

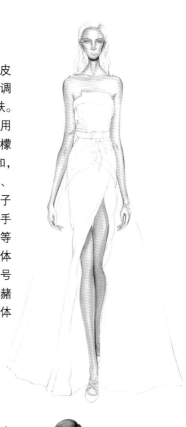

Step 02 用清水轻轻润湿皮肤部分的纸面，调和肤色平涂于皮肤。待画纸半干时，用少量玫红色、柠檬黄与肤色进行调和，加深眉弓、眼窝、颧骨、面部对脖子的投影、锁骨、手臂与腿部的暗面等部位，塑造出人体的体积感。用小号水彩勾线笔蘸取赭石色，勾勒出人体转折处的轮廓。

Step 03 用小号勾线笔蘸取浅棕色绘制出细长的眉毛，用赭石色绘制双眼皮。调和较浅的湖蓝色绘制眼球的色彩，并留出高光，再用黑色勾勒眼线、眼睫毛与瞳孔。选择浅棕色勾勒鼻翼，熟褐色绘制鼻孔。用朱红色绘制出嘴唇的颜色，下嘴唇的高光需要留白，再用赭石色调和少量朱红色来加深唇中线与两边嘴角。

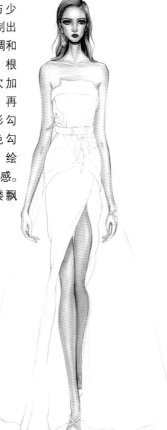

Step 04 调和柠檬黄与少量橘黄色，绘制出头发的底色。调和橘黄色与棕色，根据头发的层次加深头发的暗部，再选择小号水彩勾线笔蘸取棕色勾勒暗面的发丝，绘制出发丝的质感。最后添加几缕飘逸的碎发。

Step 05 先用清水将纸面上的丝绒部分润湿，然后调和丁香紫、少量深紫色与清水，趁湿进行晕染，绘制出丝绒面料的底色。

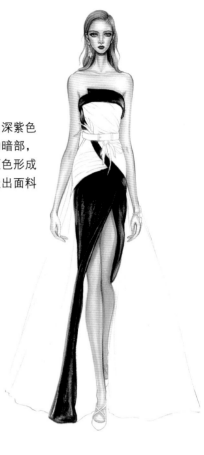

Step 06 蘸取饱满的深紫色加深裙子的暗部，与第一层颜色形成对比，塑造出面料的厚重感。

Step 07 用小号水彩笔蘸取干燥的白色，提亮丝绒面料的亮面高光，表现出它的光泽感。调和玫红色、少量丁香紫与大量清水，用毛笔蘸取颜料，铺出薄纱的底色。

Step 08 调和玫红色与少量深紫色，以交错的线条绘制出薄纱的层次，包裹住上半身的薄纱需要跟随人体的形态进行绘制。调和深紫色与棕色，绘制出丝绒面料的背面。

Step
09

用朱红色绘制出耳饰的颜色，
加入少量赭石色进行调和，
绘制出耳饰的暗面，并用白
色提亮它的高光。先用柠檬
黄绘制出金属材质配饰的色
彩，再用橘黄色加深它的暗
面、用白色表现出它的光泽
感，最后用小号水彩勾线笔
蘸取棕色勾勒出它的轮廓。

Step
10

调和玫红色与清水铺出腰带
与鞋子的底色，然后混合玫
红色与朱红色加深它们的暗
面，塑造出体积感。用白色
提亮鞋面的高光，用小号水
彩勾线笔蘸取棕色勾勒出鞋
子的轮廓。

5.6 黑、白、灰色

■ 5.6.1 黑色的搭配原理

　　黑色是一种神秘的色彩，也是服饰中的经典色彩，具有百搭的特性，因此在服装色彩中占据了重要的位置。它所表现的情感是多方面的，既代表了庄严、稳重、高雅，又传达着黑暗、阴森、压抑。它的积极性与消极性并存。

　　黑色常见于正式场合，各种典礼上的男士西服、女士礼服都会有黑色的身影，给人端正、高雅的感觉，因此黑色也成为永恒的经典。

■ 5.6.2 白色的搭配原理

白色和黑色都是服装色彩永恒的主题，二者搭配不受年龄、性别等因素的限制，是不容易出错的固定搭配。此外，白色还可以与其他任何色彩进行搭配。白色同时具备积极性与消极性，一方面体现了圣洁、优雅、纯净，另一方面也体现出冷冽、迷茫与虚无。

白色也有冷暖之分。象牙白为暖色调的白色，它稍微偏黄，少了白色的冷冽，多了几分温暖与柔美。雪白色偏冷，适合干练、率性的服装款式。

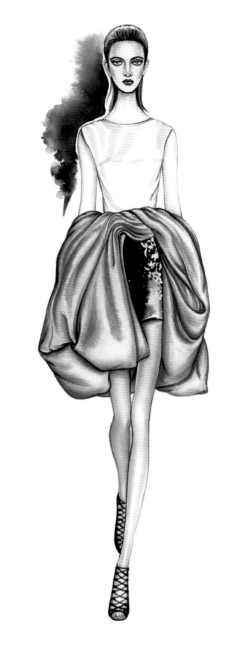

■ 5.6.3 灰色的搭配原理

灰色介于白色与黑色之间，比白色更深，比黑色更浅。灰色是一种具有气质的色彩，它一点都不刺眼，让人感觉到宁静、和谐与舒适。同时，灰色也是一种百搭的色彩，任何肤色都可以驾驭。灰色有不同的色阶，比黑色、白色更加丰富。

浅灰色明度较高，给人素净、高雅的感觉；中灰色是富有中性色彩的灰色，给人低调、耐看的感觉；深灰色比黑色稍浅，给人沉稳、高级的感觉。

浅灰色

中灰色

深灰色

CHAPTER

06 服装设计效果图面料
材质表现与色彩搭配

■ 6.1.1　薄纱

薄纱面料轻盈而飘逸，顺滑而柔软，具有良好的透气性与垂坠感，非常适合夏天穿着。

Step 01 ｜ 用自动铅笔起稿，绘制模特半身的比例和动态，并在此基础上画出模特的发型与服装，注意纱裙背面的褶皱与层次。

Step 02 ｜ 上色前用清水轻轻润湿皮肤部分的纸面，调和肤色绘制出皮肤的底色。用少量玫红色、柠檬黄与肤色进行调和，加深服装对人体产生的投影、手指的转折处。

Step 03 | 先用清水分别调和湖蓝色、玫红色、翠绿色，为手指上的珠宝铺色，再用深蓝色、大红色、饱满的翠绿色分别加深不同珠宝的暗面，最后用小号水彩勾线笔蘸取熟褐色勾勒出珠宝的轮廓，用白色提亮珠宝的高光。

Step 04 | 调和橘黄色、少量土黄色与清水，绘制出头发的底色。

Step 05 | 调和土黄色与少量赭石色加深头发的暗面，表现出它的体积感。用小号水彩勾线笔蘸取浅棕色绘制出亮面的发丝，再蘸取深棕色绘制出暗面的发丝，注意头发的层次与发丝的方向。

Step 06 | 调和较少的玫红色与清水晕染出薄纱的基本色，亮面适当地进行留白。

Step
07

选择玫红色加深服装的暗部，初步表现
出服装的体积感。

Step
08

调和玫红色与少量朱红色加深层叠的薄纱暗面与阴
影，让服装更有层次。在玫红色中混入少量赭石色，
用小号水彩勾线笔蘸取颜料，勾勒出纱裙的轮廓线，
注意线条的流畅与粗细变化。

■6.1.2 流苏

流苏是以丝线制成的穗子，常用于服装的裙边、下摆处，具有很好的垂感与动感。当穿着者走动起来时，流苏随着人体的运动而自然地飞舞，灵动而优雅，别具风情，让女性充满了迷人的魅力。

Step 01　用自动铅笔起稿，绘制模特的比例和动态，并在此基础上画出模特的五官、发型、服装与手拿包，注意服装与人体之间的关系。

Step 02　上色前先用清水将皮肤部分的纸面润湿，调和肤色平涂于皮肤。待画纸半干时，用少量玫红色、柠檬黄与肤色进行调和，加深眼窝、颧骨、鼻梁、面部对脖子的投影、锁骨、手臂与腿的暗面等部位，塑造出人体的体积感。

Step 03　调和棕色与熟褐色，用小号水彩勾线笔绘制出眉毛。用湖蓝色绘制出眼球的底色，留出高光，用黑色勾勒眼线与瞳孔，用赭石色勾勒双眼皮。选择浅棕色勾勒鼻翼，熟褐色绘制鼻孔。调和大红色与赭石色绘制出嘴唇的色彩，下嘴唇高光留白，再用熟褐色加深唇中线与两边嘴角。

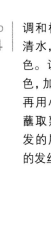

Step 04　调和棕色、赭石色与清水，铺出头发的底色。调和棕色与熟褐色，加深头发的暗面，再用小号水彩勾线笔蘸取熟褐色，根据头发的层次勾勒出弯曲的发丝。

Step 05 | 调和玫红色与清水铺出裙子的颜色。用饱满的玫红色加深裙子的暗面，初步表现出体积感。

Step 06 | 调和玫红色与大红色，以点的方式绘制出面料的肌理。再混入少量赭石色，表现暗面的肌理。

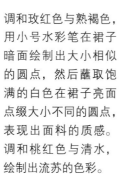

Step 07 | 调和玫红色与熟褐色，用小号水彩笔在裙子暗面绘制出大小相似的圆点，然后蘸取饱满的白色在裙子亮面点缀大小不同的圆点，表现出面料的质感。调和桃红色与清水，绘制出流苏的色彩。

Step 08 | 先用玫红色整体地加深流苏的暗面，然后调和玫红色与赭石色，用小号水彩勾线笔勾勒出流苏的线条，注意流苏的方向跟随人体动态而进行变化，最后用白色绘制出少许流苏，以增强流苏的层次感。调和湖蓝色、群青色与清水，铺出手拿包的色彩。

Step 09 调和群青色与深蓝色，加深手拿包的暗部，再以点的方式绘制出表面的肌理，用白色点缀出高光。调和深蓝色、黑色与大量清水，绘制出鞋子的色彩，留出它的高光区域。

Step 10 调和深蓝色与黑色，绘制出鞋的暗面，再用小号水彩勾线笔蘸取颜料，勾勒出它的轮廓。

■ 6.1.3 针织

针织面料质地松软，具有较好的弹性与延展性，穿着舒适保暖，无拘束感，外观别具特点。现代针织面料丰富多样，不同功能、肌理的新型针织面料拥有不同的视觉效果。

Step 01 | 用自动铅笔起稿，绘制出模特行走的动态，并在此基础上画出模特的五官、发型与服装。注意男性的肩部比臀部更宽。

Step 02 | 先用清水将皮肤部分的纸面润湿，然后调和肤色平涂于皮肤。待画纸半干时，用少量玫红色、柠檬黄与肤色进行调和，加深眉弓、眼窝、颧骨、面部对脖子的投影，表现出人体的体积感。

Step 03 | 用小号水彩勾线笔蘸取深棕色绘制出眉毛。用棕色绘制出眼球的底色，留出高光，用黑色勾勒瞳孔与眼眶，用赭石色勾勒双眼皮。选择浅棕色勾勒鼻翼，熟褐色绘制鼻孔。调和朱红色与清水绘制出嘴唇的色彩，下嘴唇高光留白，再用棕色加深唇中线与两边嘴角。调和棕色与清水铺出头发的底色，注意头发边缘的色彩更浅。

Step 04 | 调和棕色与熟褐色加深头发的暗面，用小号水彩勾线笔蘸取熟褐色勾勒出卷曲的发丝，注意边缘的头发更蓬松。调和浅棕色与清水绘制出衬衫的暗面。将赭石色、少量玫红色与清水进行混合，铺出针织衫的底色。

Step 05 | 调和棕色、赭石色与少量玫红色，根据服装的明暗关系绘制出它的暗面与褶皱，塑造出服装的体积感。将玫红色与少量朱红色进行调和，选择小号水彩勾线笔蘸取颜料，勾勒出衬衫上的条纹，注意条纹的起伏变化。

Step 06 | 调和玫红色与大红色，加深衬衣上条纹的暗面。用赭石色勾勒衬衫的轮廓与纽扣的形状。调和赭石色与熟褐色，用小号水彩勾线笔勾勒出纵向的曲线，线条跟随服装发生起伏变化，再绘制出少量较短的横向线条。调和棕色与熟褐色，加深暗面的曲线。用浅棕色勾勒出针织衫领口白色面料的肌理。

Step 07 | 调和深蓝色与大量清水，让颜色变浅，用水彩笔蘸取颜料，铺出裤子的底色。

Step 08 | 待画纸半干时，用深蓝色绘制出裤子的暗面，调和深蓝色与熟褐色加深裤子暗面的褶皱与两腿之间的阴影，用小号水彩勾线笔蘸取熟褐色勾勒出裤子的轮廓线与结构线。

Step 09 | 调和土黄色、浅棕色与清水，绘制出腰带、鞋子的颜色。

Step 10 | 用深棕色加深鞋面的色彩，调和深棕色与少量熟褐色绘制出鞋面的暗部。调和土黄色与棕色加深腰带与鞋边的暗面，塑造出体积感，再用小号水彩勾线笔蘸取熟褐色勾勒出腰带与鞋子的轮廓。

■ 6.2.1 鹿皮绒

鹿皮绒面料属于上等面料之一。它手感柔软，具有糯性，垂性较强，厚实保暖。

Step 02 | 上色前用画笔蘸取清水润湿皮肤部分的纸面，调和肤色平涂于皮肤。待画纸半干时，调和少量玫红色、柠檬黄与肤色，加深眉弓、眼窝、颧骨、腿的暗面等部位。在肤色中混入少量赭石色，加深面部对脖子的投影、服装对腿产生的阴影、后面那条腿的暗面。用小号水彩勾线笔蘸取棕色勾勒人体转折处的曲线，使形象更加立体。

Step 01 | 用自动铅笔起稿，绘制出模特的比例和动态，并在此基础上画出模特的五官、发型与服装。注意线条流畅，画面干净整洁。

Step 03 | 用小号水彩勾线笔蘸取浅棕色绘制眉毛。选择赭石色晕染出眼影，用湖蓝色绘制眼球底色，留出高光，用黑色勾勒眼线、眼睫毛与瞳孔，用棕色勾勒出双眼皮。选择浅棕色勾勒鼻翼，熟褐色绘制鼻孔。调和朱红色与大红色绘制嘴唇颜色，留出嘴唇的高光，再用赭石色加深唇中线与两边嘴角。

Step 04 | 调和赭石色与少量棕色铺出头发的色彩，蘸取棕色加深头发的暗面。用小号水彩勾线笔蘸取熟褐色勾勒出暗面与额头两侧的发丝，再用少许白色提亮头发的亮面，增强头发的体积感。

Step 05 | 调和丁香紫与清水绘制出衬衫的色彩，再用清水调和深紫色绘制出短裙的色彩。蘸取饱满的丁香紫绘制出衬衫的暗面，然后混入少量深紫色进行调和，用小号水彩勾线笔蘸取颜料，勾勒出衬衫领子、门襟、纽扣的轮廓。用深紫色加深短裙的色彩，塑造出体积感。

Step 06 | 调和土黄色与大量清水，绘制出外套的色彩。

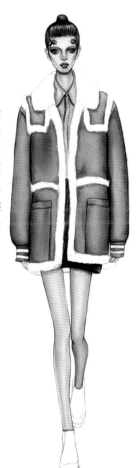

Step 07 | 调和土黄色与棕色，趁第一层暗色半干时绘制出外套的暗面，注意笔触柔和、与第一层颜色之间衔接自然。用小号水彩勾线笔蘸取棕色，勾勒出服装的外轮廓线与口袋。

Step 08　调和棕色与清水，绘制出外套的毛领与其他位置绒毛的颜色。

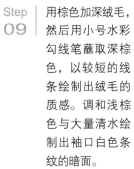

Step 09　用棕色加深绒毛，然后用小号水彩勾线笔蘸取深棕色，以较短的线条绘制出绒毛的质感。调和浅棕色与大量清水绘制出袖口白色条纹的暗面。

Step 10　调和土黄色与棕色绘制出鞋面的色彩，用深棕色加深鞋面的暗部，用黑色绘制出鞋子剩余部分的色彩。最后用白色提亮鞋子的高光，并点缀出鞋面上的装饰。

■ 6.2.2　印花

　　图案的多元性为服装增添了更多的魅力与个性，为人们带来了丰富的视觉感受。图案对于整体造型起着重要作用，因此图案设计也成了服装设计的重要组成部分。将花朵元素应用于图案设计之中，不仅诠释了女性独有的美好，也给人们带来唯美浪漫的感受。如今，印花元素不再局限于花朵素材，还融入了多种风格的元素，更能给人视觉美感。

Step 01　用自动铅笔起稿，绘制出模特的比例和动态，并在此基础上画出模特的五官、发型、服装与配饰。注意线条流畅，画面干净整洁。

Step 02　用画笔蘸取清水将皮肤部分的纸面润湿，调和肤色平涂于面部。待画纸半干时，调和少量玫红色、柠檬黄与肤色加深眉弓、眼窝、颧骨、脖子，在肤色中混入少量赭石色，加深面部对脖子的投影。

Step 03　调和棕色、黑色与大量清水，用小号水彩勾线笔勾勒出眉毛、眼球，用黑色勾勒眼线与瞳孔。选择浅棕色勾勒鼻翼，熟褐色绘制鼻孔。调和朱红色与橘黄色绘制嘴唇，用赭石色加深唇中线与嘴唇的轮廓。调和赭石色、棕色与清水铺出头发的底色，用柠檬黄绘制出耳饰的色彩，用群青色绘制头巾。

Step 04 用棕色加深头发的暗面，用小号水彩勾线笔蘸取深棕色勾勒出发丝，在额头处添加几缕细碎的头发。选择橘黄色加深耳饰的暗面，用棕色勾勒出它的轮廓，蘸取白色提亮它的高光。调和群青色与少量深蓝色加深头巾暗部的褶皱，表现出它的体积感，然后在亮面添加少量的白色，体现丝巾的光泽感。用清水调和柠檬黄，铺出服装的底色。

Step 05 选择橘黄色加深服装的暗面，用柔和的笔触与底色自然衔接，以表现出丝织面料的质感。

Step 06 调和棕色与少量墨绿色绘制出叶子，并勾勒出细长的枝干。蘸取饱满的大红色绘制出花朵的形状，再调和橘黄色与少量朱红色绘制出不同色彩的花朵。

Step 07 先调和赭石色与少量棕色绘制出红色花朵的暗面，再用熟褐色加深叶子的暗面，最后用小号水彩勾线笔蘸取浅棕色勾勒出橘色花朵图案上的线条，让印花图案更加丰富。

Step 08　调和棕色与清水，使用罩色法加深服装的阴影，再用小号水彩勾线笔蘸取棕色勾勒出服装的轮廓与领口垂坠面料的轮廓，让服装的款式更加清晰。

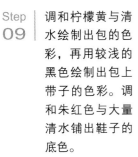

Step 09　调和柠檬黄与清水绘制出包的色彩，再用较浅的黑色绘制出包上带子的色彩。调和朱红色与大量清水铺出鞋子的底色。

Step 10　调和土黄色与少量棕色加深包的暗面，用饱满的黑色加深带子的色彩，并绘制出飘逸的穗儿，再用小号水彩勾线笔蘸取深棕色勾勒出包的轮廓。将朱红色与赭石色进行调和，加深鞋子暗面的褶皱，再用熟褐色勾勒出整体轮廓，让鞋子的款式更加明显。

6.3 绿色与不同面料的搭配

■ 6.3.1 丝绸

丝绸面料手感光滑，表面富有光泽，质感丰富细腻，穿着透气、舒适，拥有很好的亲肤性，因此成为睡衣面料很好的选择。丝绸面料制作的服装很飘逸，整体造型高贵典雅。

Step 02 在皮肤上色之前用画笔蘸上清水将纸面轻轻润湿，调和肤色平涂于面部与四肢。将少量玫红色、柠檬黄与肤色进行调和，加深眼窝、颧骨、锁骨与四肢的暗面，明暗之间要衔接自然。调和肤色与少量赭石色加深面部对脖子的投影、服装对人体产生的阴影，表现出皮肤的体积感。

Step 01 用自动铅笔起稿，确定模特的比例，通过肩、臀的关系表现行走的姿态，并在此基础上画出模特的五官、发型与服装。

Step 03 用小号水彩勾线笔蘸取深棕色绘制出眉毛。用群青色绘制出眼球的底色，留出高光，用黑色勾勒上下眼线、上下睫毛与瞳孔，用棕色勾勒双眼皮。选择浅棕色勾勒鼻翼，熟褐色绘制鼻孔。蘸取大红色绘制嘴唇的色彩，下嘴唇高光留白，再用赭石色调和少量红色加深唇中线与两边嘴角。

Step 04 | 调和赭石色与清水，绘制出模特头发的底色。

Step 05 | 在赭石色中混入少量棕色进行调和，加深头发的暗面。用小号水彩勾线笔蘸取深棕色勾勒出发丝。

Step 06 | 先用毛笔蘸上清水轻轻地润湿纸面上的连衣裙，再调和草绿色与清水，绘制出裙子的基本色。

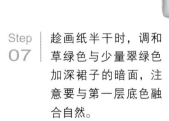

Step 07 | 趁画纸半干时，调和草绿色与少量翠绿色加深裙子的暗面，注意要与第一层底色融合自然。

Step 08 | 调和草绿色与少量墨绿色加深连衣裙袖子部分的褶皱，调和白色与少量草绿色提亮褶皱的亮面，增强服装的体积感。最后用小号水彩勾线笔蘸取墨绿色勾勒出连衣裙的结构线，让它的廓型与款式更加清晰。

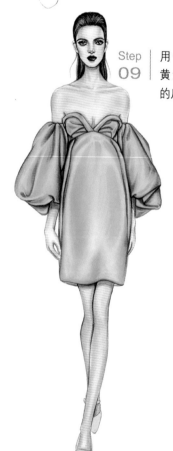

Step 09 | 用饱满的柠檬黄绘制出鞋子的底色。

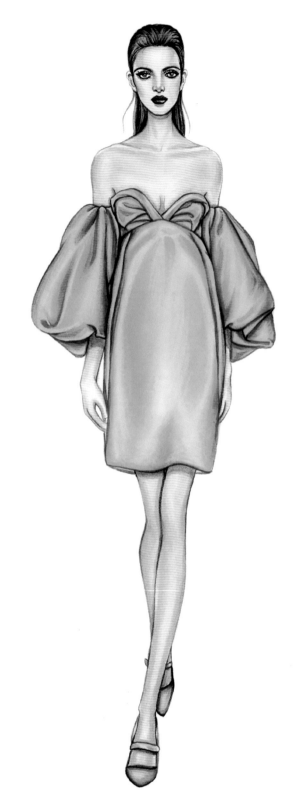

Step 10 | 调和柠檬黄与少量土黄色加深鞋子的暗面，再用小号水彩勾线笔蘸取棕色勾勒出鞋子的轮廓。

■ 6.3.2 提花

提花面料质地丰富，光泽度较好，花型立体感强，档次较高。由于提花面料表面的花纹是织出来的，因此不易变形与褪色。

Step 01 | 用自动铅笔起稿，绘制出模特的比例和动态，并在此基础上画出模特的五官、发型、帽子与服装，注意线条流畅自然。

Step 02 | 用画笔蘸上清水将皮肤部分的纸面轻轻润湿，调和肤色平涂于面部与四肢。调和少量玫红色、柠檬黄与肤色加深眼窝、颧骨、锁骨与四肢的暗面，明暗之间要衔接自然。调和肤色与少量赭石色加深面部对脖子的投影、服装对人体产生的阴影，体现出皮肤的体积感。

Step 03 | 用棕色绘制眉毛，再用群青色绘制眼球、黑色勾勒眼线与瞳孔、棕色勾勒双眼皮。选择浅棕色勾勒鼻翼，熟褐色绘制鼻孔。蘸取大红色绘制嘴唇，再用赭石色调和少量红色加深唇中线与两边嘴角。调和棕色与赭石色绘制头发，然后将群青色与清水进行调和，铺出帽子的色彩。

Step 04 | 调和群青色与少量深蓝色绘制出帽子的暗面，然后用黑色与大量清水进行调和，绘制出薄纱，并用毛笔蘸取黑色加深薄纱重叠的色彩。调和桃红色与清水绘制出丝巾与手套的底色，再蘸取玫红色加深丝巾与手套的褶皱。

Step 05 先用毛笔蘸取清水将裙子区域的纸面轻轻润湿，再调和草绿色与清水晕染裙子的色彩，让裙摆处的颜色自然扩散。

Step 06 调和草绿色与少量翠绿色，趁上一步的底色半干时加深裙子上的褶皱，笔触要自然而柔和。

Step 07 将墨绿色与草绿色进行调和，用中号水彩笔蘸取颜料加深暗部褶皱，注意用硬朗的笔触表现出裙子的体积感。

Step 08 用小号水彩勾线笔蘸取饱满的白色，绘制出面料上的提花。与印花图案相比，提花更加立体。

Step
09 调和黑色与清水铺出蝴蝶结
的色彩，再用饱满的黑色绘制
出裙子的褶皱。用同样的方法
画出袜子上的黑色面料，调和
棕色与清水，使用罩色法铺出
袜子的色彩。用玫红色绘制出
鞋子的底色，记得留出高光。

Step
10 调和棕色与少量熟褐色加深袜子暗部的
褶皱。用赭石色加深鞋子的暗面，表现
出鞋子的体积感，再用小号水彩勾线笔
蘸取熟褐色，勾勒出鞋子的轮廓。

■ 6.3.3 皮革

　　皮革面料质地较厚重，表面有光泽，具有保暖性，被广泛应用于服装与饰品。绘制皮革面料的服装设计效果图时，需要先绘制出皮革面料的固有色与暗面，塑造出体积感，表现出挺括、厚重感，然后画出皮革面料的高光部分，表现出光泽感。强烈的高光与暗面对比更能凸显皮革的质感。

Step 02 用清水轻轻润湿皮肤部分的纸面，绘制出皮肤的底色。待画纸半干时，用少量玫红色、柠檬黄与肤色进行调和，加深眉弓、眼窝、颧骨、面部对脖子的投影、锁骨、手指转折处、腿部等，然后混入少量赭石色，继续画出腿部的明暗关系，表现出人体的体积感。

Step 01 用自动铅笔起稿，绘制出模特半身的比例和动态，并在此基础上画出模特的五官、发型与服装，注意服装搭配的层次。

Step 03 用深棕色绘制眉毛，再用湖蓝色绘制出眼球的底色，黑色绘制瞳孔，棕色勾勒双眼皮，熟褐色勾勒眼眶轮廓。选择浅棕色勾勒鼻翼，熟褐色绘制鼻孔。调和朱红色、赭石色与清水绘制嘴唇，下嘴唇高光留白，再用赭石色加深唇中线与两边嘴角。调和赭石色与土黄色绘制出头发的底色。

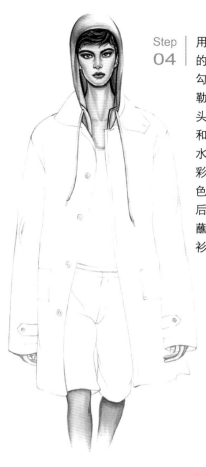

Step 04 用棕色加深每组头发的暗部，再用小号水彩勾线笔蘸取熟褐色勾勒出暗部的发丝，注意头发的方向与长短。调和湖蓝色、群青色与清水，绘制出帽衫的色彩，然后混入少量深蓝色，加深它的暗部。最后用小号水彩勾线笔蘸取深蓝色勾勒出帽衫的轮廓。

Step 05 调和柠檬黄与清水绘制出背心暗部，亮面留白。将土黄色与清水进行调和，铺出裤子的底色。调和土黄色与棕色，跟随人体走动的变化绘制出裤子的暗面与褶皱，塑造出它的体积感。

Step 06 用小号水彩勾线笔蘸取棕色勾勒出裤子上的线条，表现出灯芯绒面料的质感，注意线条的起伏变化。调和棕色与熟褐色加深暗面的线条，增强裤子的立体感。

Step 07 调和草绿色、翠绿色与清水绘制出皮革外套的底色，留出皮革的高光。

Step 08 调和草绿色与墨绿色绘制出外套的暗面，然后在墨绿色中混入少量熟褐色加深高光的两侧，增强它的体积感。

Step 09 在干燥的白色中混入少量浅蓝色，绘制出皮革面料暗面的反光，用小号水彩勾线笔蘸取熟褐色绘制出外套的纽扣、口袋，并勾勒出外套的轮廓线与结构线，让它的整体结构更加明晰。

Step 10 在模特外侧周围铺上一层清水，调和墨绿色、少量熟褐色与清水，趁湿进行晕染，让颜色自然地扩散，靠近人物的区域颜色略深。

6.4　蓝色与不同面料的搭配

■ 6.4.1　条纹

条纹图案的服装简洁明了，具有强烈的节奏与视觉冲击力，个性鲜明。条纹图案经久不衰，赋予单一色彩一种新的生命力。虽然条纹有长短、粗细、色彩等不同形式的展现，但都有韵律感与视觉导向，如竖条纹从视觉上起到修饰身材的作用。条纹图案经典百搭，可以运用在众多款式设计之中。

Step 02　上色前先用清水轻轻润湿皮肤部分的纸面，然后调和肤色平涂于皮肤。待画纸半干时，用少量玫红色、柠檬黄与肤色进行调和，加深眉弓、眼窝、颧骨、面部对脖子的投影、锁骨、手臂的暗面、脚踝等部位，塑造出人体的体积感。

Step 01　用自动铅笔起稿，绘制出模特的比例和动态，并在此基础上画出模特的五官、发型与服装，注意服装与人体之间的关系。

Step 03　用深棕色绘制眉毛与眼皮，调和紫色绘制眼球底色，用黑色勾勒眼线、眼睫毛与瞳孔。选择浅棕色勾勒鼻翼，熟褐色绘制鼻孔。调和朱红色与大红色绘制嘴唇，嘴唇高光留白。用赭石色加深唇中线与嘴角。调和柠檬黄与橘黄色，铺出头发的底色。

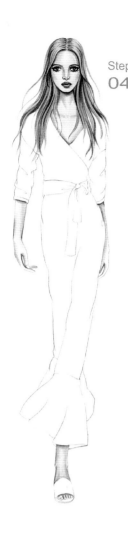

Step 04 | 在橘黄色中混入少量赭石色进行调和，加深每一组头发的暗面，用小号水彩勾线笔蘸取赭石色勾勒出暗部的发丝，再用浅棕色绘制出几缕飘逸的头发。

Step 05 | 调和浅蓝色与大量清水绘制出服装的暗面，注意笔触需要柔和，要与未上色的亮面衔接自然。

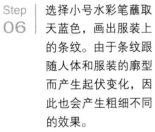

Step 06 | 选择小号水彩笔蘸取天蓝色，画出服装上的条纹。由于条纹跟随人体和服装的廓型而产生起伏变化，因此也会产生粗细不同的效果。

Step 07 | 调和天蓝色与群青色加深条纹暗部，增强服装的体积感。

Step 08 | 用小号水彩勾线笔蘸取深蓝色，勾勒出腰间绑带的轮廓线与服装的边缘线。用白色点缀少量圆点，让画面更加生动。

Step 09 | 调和土黄色与清水，绘制出鞋面的色彩，再用棕色绘制出鞋底的色彩。

Step 10 | 调和土黄色与少量棕色加深鞋面的暗部，等颜色干透后，用群青色绘制出鞋面上的图案，最后用深棕色勾勒出鞋子的整体轮廓。

■6.4.2 牛仔

牛仔面料质地紧密、厚实，经典百搭，十分耐看，拥有不过时的魅力，因此牛仔面料的服装也成为各年龄人群都可穿搭的服装。除了深浅不同的蓝色牛仔面料，还有白色牛仔面料可供选择。

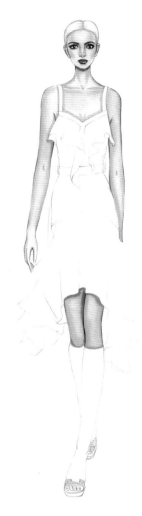

Step 01 | 用自动铅笔起稿，绘制出模特的比例和动态，然后画出模特的五官、发型与服装，注意裙子褶皱与层次。

Step 02 | 上色前用清水将皮肤部分的纸面润湿，调和肤色绘制出皮肤的底色。待画纸半干时，用少量玫红色、柠檬黄与肤色进行调和，加深眉弓、眼窝、颧骨、面部对脖子的投影、锁骨、手臂与腿部的暗面等部位，表现出人体的体积感。

Step 03 | 用小号水彩勾线笔蘸取赭石色绘制眉毛，再用赭石色晕染眼影。调和棕色绘制眼球底色，留出高光，用黑色勾勒眼线、上睫毛与瞳孔，用棕色勾勒双眼皮。选择浅棕色勾勒鼻翼，熟褐色绘制鼻孔。调和玫红色与大红色绘制嘴唇颜色，下嘴唇高光留白，再用赭石色调和少量红色加深唇中线与两边嘴角，让嘴唇更加丰满。

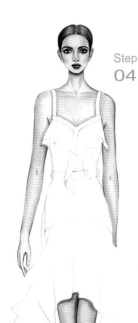

Step 04 先用橘黄色绘制出头发的底色，然后混入少量棕色进行调和，加深头发两侧的暗面，最后用小号水彩勾线笔蘸取棕色，勾勒出暗部的发丝。

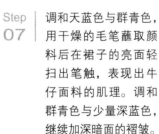

Step 05 先用毛笔蘸上清水将服装部分的纸面轻轻润湿，再调和天蓝色与清水绘制牛仔裙的基本色。

Step 06 调和天蓝色与少量群青色加深牛仔裙的暗部，绘制出服装的基本体积感。注意上色过渡自然，不要留下明显的水痕。

Step 07 调和天蓝色与群青色，用干燥的毛笔蘸取颜料后在裙子的亮面轻扫出笔触，表现出牛仔面料的肌理。调和群青色与少量深蓝色，继续加深暗面的褶皱。

Step 08 | 蘸取白色绘制出牛仔面料边缘的特征，再用小号水彩勾线笔蘸取普蓝色，勾勒出牛仔裙上的结构线与轮廓线，让服装结构更加明晰。

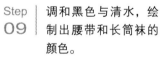

Step 09 | 调和黑色与清水，绘制出腰带和长筒袜的颜色。

Step 10 | 用黑色加深腰带的暗面与长筒袜的褶皱，塑造出体积感，再用土黄色调和少量赭石色，绘制出鞋子的颜色。

■ 6.4.3 丝绒

丝绒面料表面有绒毛，手感较丝滑，拥有很好的亲肤性，同时非常柔暖，有着优良的耐皱性与弹性。

Step 01 用自动铅笔起稿，绘制出模特半身的比例和动态，注意肩、腰与臀之间的关系，并在此基础上画出模特的五官、发型与服装。

Step 02 先用清水轻轻润湿皮肤部分的纸面，调和肤色平涂于皮肤。待画纸半干时，将少量玫红色、柠檬黄与肤色进行调和，加深颧骨、鼻梁、锁骨、手指的转折处、腿的暗面等部位，然后混入少量赭石色，加深面部对脖子产生的投影，表现出人体的体积感。

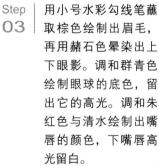

Step 03 用小号水彩勾线笔蘸取棕色绘制出眉毛，再用赭石色晕染出上下眼影。调和群青色绘制眼球的底色，留出它的高光。调和朱红色与清水绘制出嘴唇的颜色，下嘴唇高光留白。

Step 04 用黑色勾勒眼线与瞳孔，再用熟褐色勾勒双眼皮。选择浅棕色勾勒鼻翼，熟褐色绘制鼻孔。调和朱红色与少量红色加深嘴唇的暗面，再用小号水彩勾线笔蘸取赭石色勾勒出唇中线与两边嘴角，让嘴唇更加丰满。

Step
05

调和赭石色、橘黄色与清水铺出头发的底色，然后用棕色加深头发的暗部，初步表现出模特的发型。调和赭石色与棕色加深头发的暗面与编发的两侧，再用小号水彩勾线笔蘸取熟褐色勾勒出暗面的发丝，注意靠近耳朵处的头发颜色略深。

Step
06

上色之前用清水打湿服装部分的纸面，以便进行颜色的晕染。调和湖蓝色与清水为服装的亮面铺色，然后在暗面铺上群青色。注意色彩之间衔接自然，裙子后摆的颜色略深，边缘需要晕染柔和。

Step
07

调和群青色与深蓝色，趁第一层铺色半干时加深服装的暗部褶皱，留出第一层底色为亮面，形成一定的明暗关系。

Step
08

先用毛笔蘸取较干的白色绘制出丝绒面料的亮面高光，再用小号水彩勾线笔蘸取深蓝色勾勒腰带与服装的轮廓，让服装更加完整。

Step 09 调和柠檬黄与清水，绘制出金属材质的底色。调和土黄色与少量白色，绘制出面料上的花朵色彩与手指上戒指的底色。

Step 10 用橘黄色加深金属材质的颜色，并用白色提亮它的高光，然后用土黄色绘制最深的暗面，形成强烈的对比，表现出金属材质的质感。选择棕色勾勒出手指上戒指的轮廓。调和白色与少量深蓝色画出面料上立体的羽毛形态，再用白色点缀出服装上的花朵，注意花朵要大小各异，营造出花团锦簇的效果。

■ 6.5.1 皮草

皮草面料柔软舒适，质地厚重，拥有很好的保暖性，适合冬季御寒。皮草面料制作的服装奢华优雅，能够凸显穿着者的高贵气质。

Step 02 调和肤色平涂于面部与四肢。将少量玫红色、柠檬黄与肤色进行调和，绘制出眼窝、颧骨、锁骨、手臂与腿的暗面，明暗之间要衔接自然。调和肤色与少量赭石色加深面部对脖子的投影、前后腿之间产生的阴影，表现出皮肤的体积感。

Step 01 用自动铅笔起稿，绘制出模特的比例和动态，并在此基础上画出模特的五官、发型与服装。皮草面料的线条可以灵活变化。

Step 03 调和赭石色与棕色绘制出眉毛，用大红色绘制出眼妆。用湖蓝色绘制出眼球的底色，留出高光，用黑色绘制眼线与瞳孔，用棕色勾勒双眼皮。选择浅棕色勾勒鼻翼，深棕色绘制鼻孔。调和朱红色与大红色绘制嘴唇的色彩，下嘴唇高光留白，用棕色加深唇中线与嘴角。

Step 04 | 先用毛笔在头发部分的纸面铺上一层清水，然后调和丁香紫与清水，绘制出头发的色彩，亮面的头发选择留白。

Step 05 | 调和丁香紫与少量深紫色，根据发型加深头发的暗面，注意靠近脖子的头发颜色更深，再用小号水彩勾线笔蘸取深紫色勾勒出发丝。调和少量深蓝色与清水铺出背心和手套的色彩。

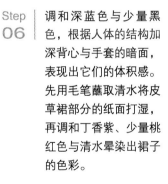

Step 06 | 调和深蓝色与少量黑色，根据人体的结构加深背心与手套的暗面，表现出它们的体积感。先用毛笔蘸取清水将皮草裙部分的纸面打湿，再调和丁香紫、少量桃红色与清水晕染出裙子的色彩。

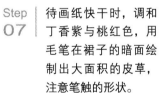

Step 07 | 待画纸快干时，调和丁香紫与桃红色，用毛笔在裙子的暗面绘制出大面积的皮草，注意笔触的形状。

Step 08 调和丁香紫与玫红色，用小号水彩勾线笔勾勒出细长的皮草，注意皮草的规律（每一小组的皮草从中间往两边延展）。调和丁香紫与少量深紫色，在暗面勾勒皮草，以增强裙子的体积感。

Step 09 用群青色铺出手提包的色彩，用浅蓝色绘制出包上的皮草，调和浅紫色与清水绘制出包上带子的暗面。选择柠檬黄铺出鞋子的色彩。

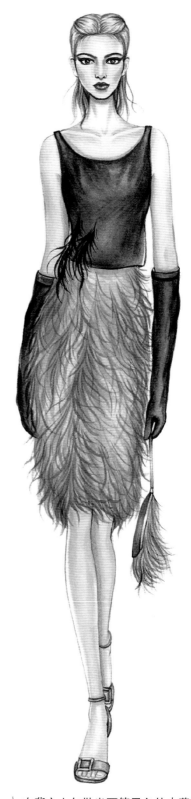

Step 10 在背心上勾勒出两簇黑色的皮草，用饱满的群青色加深包的暗面，再用小号水彩勾线笔蘸取群青色勾勒出细长的皮草，蘸取熟褐色勾勒出包的暗面轮廓线。选择橘黄色加深鞋子的暗面，塑造出它的体积感，再用棕色勾勒出鞋子的整体轮廓。

■ 6.5.2　亮片

亮片质地较硬，表面平整，颜色与尺寸多样。亮片吸取周围的光源，结合原本的色彩，折射出华丽闪烁的光芒，拥有动态的视觉效果，散发着耀眼夺目的魅力。

Step 01 用自动铅笔起稿，绘制出模特的比例和动态，然后画出模特的五官、发型与服装。注意把握好模特胳膊弯曲时的透视关系。

Step 02 用清水润湿纸面，调和肤色平涂于面部与四肢。将少量玫红色、柠檬黄与肤色进行调和，加深眼窝、颧骨、脖子与四肢的暗面，明暗之间要衔接自然。调和肤色与少量赭石色加深面部对脖子的投影、服装对人体产生的阴影，表现出皮肤的体积感。

Step 03 用小号水彩勾线笔蘸取棕色绘制出眉毛，用棕色绘制出眼影，用湖蓝色绘制出眼球的底色，留出高光，用黑色绘制眼线与瞳孔，用棕色勾勒双眼皮。选择浅棕色勾勒**鼻翼**，深棕色绘制鼻孔。调和桃红色与清水绘制出嘴唇的色彩，下嘴唇高光留白，再将玫红色与赭石色进行调和，加深唇中线与嘴唇轮廓。

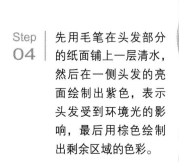

Step 04 先用毛笔在头发部分的纸面铺上一层清水，然后在一侧头发的亮面绘制出紫色，表示头发受到环境光的影响，最后用棕色绘制出剩余区域的色彩。

Step 05 | 在棕色中混入少量熟褐色进行调和，加深头发的暗面，用小号水彩勾线笔蘸取熟褐色勾勒出暗面的发丝。用深蓝色绘制出耳钉的色彩，并用熟褐色勾勒出它的轮廓。用毛笔蘸上清水轻轻地润湿纸面上的连衣裙，然后调和丁香紫与清水绘制出裙子的基本色。

Step 06 | 趁画纸半干时，调和丁香紫与少量深紫色加深裙子的暗面，塑造出服装的体积感。

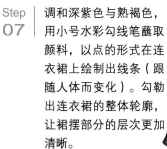

Step 07 | 调和深紫色与熟褐色，用小号水彩勾线笔蘸取颜料，以点的形式在连衣裙上绘制出线条（跟随人体而变化）。勾勒出连衣裙的整体轮廓，让裙摆部分的层次更加清晰。

Step 08 | 用小号水彩勾线笔蘸取饱满的白色，在上一步的线条上绘制出大小各异的圆点，注意圆点从腰部往下要逐渐变少。

Step
09 用湖蓝色铺出腰带的颜
色，调和群青色与清水
绘制出鞋子的色彩。

Step
10 调和湖蓝色与少量深
蓝色加深腰带的暗面，
再用小号水彩勾线笔
蘸取深蓝色勾勒出腰
带的轮廓。在群青色
中混入深蓝色加深鞋
子的暗面，表现出它
的体积感。

CHAPTER

07 服装设计效果图款式
绘制方法与色彩搭配

7.1 红色与不同款式的搭配

■ 7.1.1 连衣裙

Step 02 用清水润湿皮肤部分的纸面，调和肤色平涂于皮肤。用少量玫红色、柠檬黄与肤色进行调和，加深眉弓、眼窝、颧骨、锁骨、手指的转折处、腿部的暗面等部位，然后混入赭石色，加深面部对脖子的投影、服装对腿产生的阴影、双腿交叠产生的阴影，塑造出人体的体积感。

Step 01 用自动铅笔起稿，绘制出模特的比例和动态，并在此基础上画出模特的五官、发型、服装与包饰。注意线条流畅，画面干净整洁。

Step 03 用熟褐色绘制眉毛，用棕色晕染眼影，调和深蓝色绘制眼球，高光留白，用黑色勾勒眼线与瞳孔，用深棕色勾勒双眼皮的轮廓。选择浅棕色勾勒鼻翼，熟褐色绘制鼻孔。调和朱红色与大红色绘制嘴唇颜色，下嘴唇高光留白，再用赭石色调和少量红色加深唇中线、嘴角与下嘴唇轮廓。

Step 04 | 调和棕色、赭石色与清水，根据发型绘制出头发的底色。

Step 05 | 用棕色加深头发的暗面，用深棕色绘制出麻花辫交错的区域，用熟褐色勾勒出暗部的发丝。用黑色绘制出发箍的色彩，并用白色提亮高光。用毛笔蘸上清水轻轻润湿连衣裙部分，调和大红色绘制连衣裙的基本色。

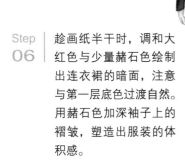

Step 06 | 趁画纸半干时，调和大红色与少量赭石色绘制出连衣裙的暗面，注意与第一层底色过渡自然。用赭石色加深袖子上的褶皱，塑造出服装的体积感。

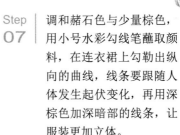

Step 07 | 调和赭石色与少量棕色，用小号水彩勾线笔蘸取颜料，在连衣裙上勾勒出纵向的曲线，线条要跟随人体发生起伏变化，再用深棕色加深暗部的线条，让服装更加立体。

Step 08 调和浅棕色与清水绘制出肩部服装的色彩，再用小号水彩勾线笔蘸取棕色勾勒出轮廓线。将黑色与清水进行调和，铺出手拿包的底色。

Step 09 根据手拿包的结构用黑色继续加深它的暗面，使它的结构更加明晰。调和浅棕色与清水绘制出白色鞋面的暗部，再用朱红色绘制出皮革面料的鞋面与绑带。

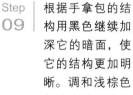

Step 10 调和大红色与少量棕色加深皮革面料的暗面，用白色提亮它的高光。最后用小号水彩勾线笔蘸取棕色，勾勒出鞋子的整体轮廓。

Step 01 | 用自动铅笔起稿，绘制出模特的比例和动态，并在此基础上画出模特的五官、发型与服装。

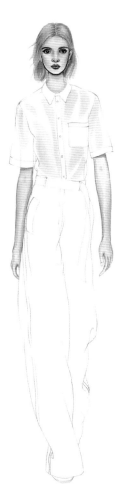

Step 02 | 用清水轻轻润湿皮肤部分的纸面，调和肤色平涂于皮肤。待画纸半干时，用少量玫红色、柠檬黄与肤色进行调和，加深眉弓、眼窝、颧骨、手臂的暗面与手指的转折处，塑造出人体的体积感。注意被衬衫遮挡住的人体颜色更浅。

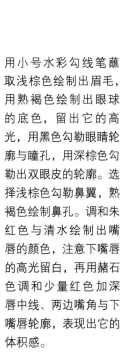

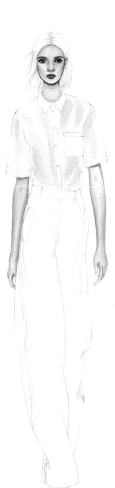

Step 03 | 用小号水彩勾线笔蘸取浅棕色绘制出眉毛，用熟褐色绘制出眼球的底色，留出它的高光，用黑色勾勒眼睛轮廓与瞳孔，用深棕色勾勒出双眼皮的轮廓。选择浅棕色勾勒鼻翼，熟褐色绘制鼻孔。调和朱红色与清水绘制出嘴唇的颜色，注意下嘴唇的高光留白，再用赭石色调和少量红色加深唇中线、两边嘴角与下嘴唇轮廓，表现出它的体积感。

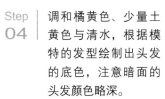

Step 04 | 调和橘黄色、少量土黄色与清水，根据模特的发型绘制出头发的底色，注意暗面的头发颜色略深。

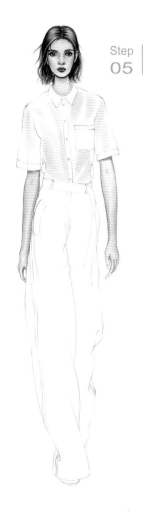

Step 05 | 用棕色加深头发的暗面，用小号水彩勾线笔蘸取深棕色勾勒出暗部的发丝，注意靠近耳朵处的头发颜色较深。最后用浅棕色绘制出几缕飘逸的发丝，让形象更加生动。

Step 06 | 调和玫红色与清水，用罩色法绘制出衬衫的色彩，表现出它的轻薄感，再用玫红色绘制出暗面的褶皱，表现出它的体积感。调和玫红色与赭石色，用小号水彩勾线笔勾勒出衬衫的轮廓线，表现出它的结构。用棕色勾勒出衬衫的纽扣。

Step 07 | 用毛笔蘸取清水将裤子部分的纸面轻轻润湿，调和朱红色、少量赭石色与清水，铺出裤子的颜色，可以让裤脚处适当留白。

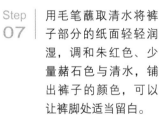

Step 08 | 调和赭石色与大红色加深裤子的暗面，塑造出它的体积感。

Step
09

用干燥的白色提亮皮裤褶皱的亮面，用棕色绘制出褶皱的暗面，让皮裤更加立体。最后用熟褐色勾勒出裤子的整体轮廓。

Step
10

调和橘黄色与清水绘制出腰带与鞋子的色彩，并用土黄色加深腰带、鞋子的暗面，最后用小号水彩勾线笔蘸取棕色勾勒出它们的轮廓线。

■ 7.2.1 时尚马甲

Step 02 　调和肤色平涂皮肤，用少量玫红色、柠檬黄与肤色进行调和，加深眼窝、颧骨、鼻梁侧面、手臂与双腿的暗面等部位，然后混入赭石色，继续加深面部对脖子的投影、服装对腿产生的投影、双腿交叠产生的阴影，塑造出人体的体积感。

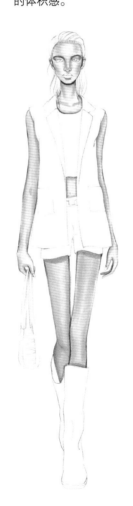

Step 01 　用自动铅笔起稿，绘制出模特的比例和动态，并在此基础上画出模特的五官、发型、服装与手提包。

Step 03 　用深棕色绘制出眉毛，调和深蓝色绘制出眼球的底色，高光留白，用棕色绘制眼眶与双眼皮的轮廓，用黑色勾勒眼线、眼睫毛与瞳孔。选择浅棕色勾勒鼻翼，熟褐色绘制鼻孔。用朱红色绘制出嘴唇的颜色，下嘴唇高光留白。调和少量红色与赭石色，绘制出唇中线、嘴角与嘴唇的轮廓。

Step 04 调和赭石色、少量朱红色与清水，根据发型绘制出头发的底色。将棕色与赭石色进行调和，根据发型的方向加深头发的暗面，再用小号水彩勾线笔蘸取深棕色勾勒出暗面的发丝，注意它的层次。

Step 05 用毛笔蘸上清水轻轻润湿纸面上的服装，调和柠檬黄与清水绘制出马甲的基本色。调和柠檬黄与橘黄色，用柔和的笔触加深马甲的暗面，调和土黄色与少量棕色绘制出领子的投影。用小号水彩勾线笔蘸取棕色，勾勒出马甲的轮廓线。

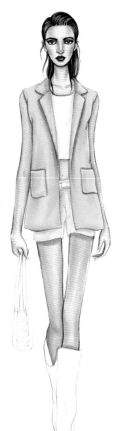

Step 06 调和湖蓝色与清水，铺出裤子的色彩。在少量湖蓝色中加入大量清水，绘制出白色服装的暗面。

Step 07 调和湖蓝色与少量群青色，绘制出裤子的暗面与褶皱。在群青色中加入深蓝色，加深马甲对裤子产生的投影。用小号水彩勾线笔蘸取群青色勾勒出裤子上的结构线。调和群青色、少量深蓝色与清水，绘制出手提包的色彩。

Step 08 用黑色绘制出腰带。调和深蓝色与群青色加深手提包的暗面，用白色提亮它的高光，用小号水彩勾线笔蘸取深蓝色勾勒出它的整体轮廓，使它的结构更加明晰。

Step 09 先用毛笔蘸取清水将长靴的纸面轻轻润湿，再调和墨绿色、湖蓝色与清水铺在长靴的亮面，最后用黑色晕染出暗面的色彩。

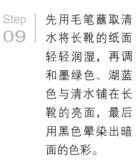

Step 10 蘸取饱满的黑色加深长靴的暗面，并用较浅的白色绘制出亮面，最后用小号水彩勾线笔蘸取饱满的白色画出亮面的高光，表现出长靴的质感。

■ 7.2.2 休闲裤

Step 01 用自动铅笔起稿，绘制出模特的比例和动态，并在此基础上画出模特的五官、发型、帽子与服装，注意双手插兜的状态。

Step 02 调和肤色平涂于皮肤。蘸取深棕色绘制眉毛，用熟褐色晕染眼眶周围，调和湖蓝色绘制出眼球的底色，高光留白，用黑色勾勒瞳孔、眼眶与眼皮轮廓。选择棕色勾勒鼻翼，熟褐色绘制鼻孔。调和少量朱红色绘制出嘴唇的颜色，下嘴唇高光留白，再用赭石色调和少量棕色加深唇中线、两边嘴角与嘴唇的轮廓。

Step 03 调和柠檬黄与清水绘制出头发的底色。调和土黄色与浅棕色，根据发型加深头发的暗面，再用小号水彩勾线笔蘸取深棕色勾勒出暗部的发丝，注意靠近耳朵处的头发颜色较深。用土黄色铺出帽子的色彩。

Step 04 调和土黄色与棕色加深帽子的暗面，再用小号水彩勾线笔蘸取棕色勾勒出帽子的轮廓。用少量深蓝色调和清水绘制出衬衫的暗面，再用土黄色、群青色、深蓝色、深紫色绘制出领带的色彩。蘸取浅棕色勾勒衬衫轮廓，用土黄色、群青色、深蓝色、深紫色加深领带暗面的色彩，用熟褐色勾勒出领带的轮廓。

Step
05

用毛笔蘸取清水将外套部分的纸面轻轻润湿，调和少量黑色、深紫色与大量清水铺出外套的色彩。

Step
06

调和少量黑色与深紫色加深外套的暗面与褶皱，再将熟褐色与黑色进行调和，加深领子对服装产生的投影。用小号水彩勾线笔蘸取熟褐色勾勒出外套的整体轮廓与纽扣的形状，再用白色提亮领子边缘与纽扣的高光。

Step
07

用毛笔蘸取清水将裤子部分的纸面轻轻润湿，调和土黄色与清水铺出裤子的颜色。

Step
08

用浅棕色绘制出腰带的暗面。调和土黄色与棕色加深裤子的暗面与褶皱，塑造出它的体积感，注意裤子与外套接触处的颜色较深。用小号水彩勾线笔蘸取棕色勾勒出裤子的轮廓线。

Step
09 | 用饱满的黑色绘制出
袜子的色彩，用清水
调和少量黑色晕染出
鞋子的色彩。

Step
10 | 用饱满的黑色加深鞋子的
暗面，塑造出它的体积感。
用白色提亮鞋子的高光，
表现出它的质感。

■ 7.3.1 哈伦裤

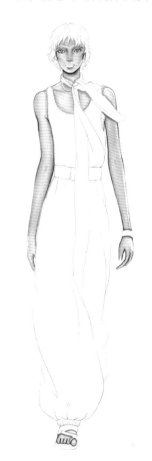

Step 02 调和肤色平涂皮肤，用少量玫红色、柠檬黄与肤色进行调和，晕染人物的眉弓、眼窝、颧骨、面部对脖子的投影、手臂的暗面、脚趾之间等部位。用小号水彩勾线笔蘸取棕色勾勒出人体的转折处，塑造出人体的体积感。

Step 01 用自动铅笔起稿，绘制出模特的比例和动态，并在此基础上画出模特的五官、发型与服装。注意线条流畅，画面干净整洁。

Step 03 蘸取深棕色绘制出眉毛，调和浅棕色绘制眼球，高光留白，用黑色勾勒眼眶轮廓与瞳孔，用深棕色勾勒出双眼皮的轮廓。选择浅棕色勾勒鼻翼，熟褐色绘制鼻孔。调和朱红色绘制嘴唇，下嘴唇高光留白，再用棕色调和少量朱红色加深唇中线、嘴角与下嘴唇轮廓。

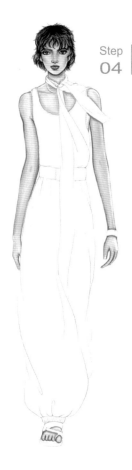

Step 04 | 调和橘黄色、赭石色与清水绘制出头发的底色，调和棕色与橘黄色加深头发的暗面，然后用小号水彩勾线笔蘸取深棕色勾勒出飘逸的发丝，注意它的层次与方向。

Step 05 | 用毛笔蘸上清水打湿画纸，调和墨绿色与清水晕染出服装的基本色，然后混入少量深蓝色，趁湿加深暗部，初步表现出服装的体积感。

Step 06 | 调和墨绿色与深蓝色，用较干的笔触继续加深服装的褶皱。用小号水彩勾线笔蘸取深蓝色勾勒出背心的肌理，用白色点缀出高光。

Step 07 | 用小号水彩勾线笔蘸取白色继续画出裤子上的高光，注意圆点的疏密变化。

Step 08 调和湖蓝色与少量深蓝色绘制出脖子上较短丝巾的色彩，用白色提亮它的高光。将黑色与清水调和，绘制出较长丝巾的色彩，再用小号水彩勾线笔蘸取白色勾勒出长短不一的线条与圆点，表现出丝巾的肌理。

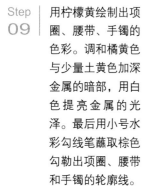

Step 09 用柠檬黄绘制出项圈、腰带、手镯的色彩。调和橘黄色与少量土黄色加深金属的暗部，用白色提亮金属的光泽。最后用小号水彩勾线笔蘸取棕色勾勒出项圈、腰带和手镯的轮廓线。

Step 10 调和黑色与清水绘制出鞋子的色彩，用饱满的黑色加深它的暗面，用白色提亮它的高光。最后蘸取较干的黑色绘制出脚下地面的投影。

Step 01 用自动铅笔起稿，绘制出模特的比例和动态，然后画出模特的五官、发型与服装。注意服装的廓型与层次。

Step 02 用清水轻轻润湿皮肤部分的纸面，调和肤色绘制出皮肤的底色。待画纸半干时，用少量玫红色、柠檬黄与肤色进行调和，加深眉弓、眼窝、颧骨、面部对脖子的投影、手指转折处等部位，表现出人体的体积感。

Step 03 调和赭石色与棕色绘制眉毛，调和湖蓝色绘制出眼球的底色，用熟褐色勾勒眼眶轮廓，用黑色绘制出瞳孔，用深棕色勾勒出眼皮的轮廓。选择浅棕色勾勒鼻翼、鼻孔。调和朱红色绘制嘴唇，下嘴唇高光留白，再用赭石色调和朱红色加深唇中线与下嘴唇轮廓。调和墨绿色、熟褐色与清水绘制头发。

Step 04 调和墨绿色与黑色，根据发型加深头发的暗面。用小号水彩勾线笔蘸取黑色勾勒出暗面的发丝。用饱满的天蓝色铺出衬衫的色彩。

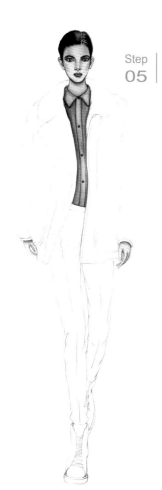

Step 05

调和天蓝色与深蓝色加深衬衫的暗面阴影。用黑色绘制出纽扣，用小号水彩勾线笔蘸取深蓝色勾勒出衬衫的轮廓。

Step 06

用毛笔在皮草部分的纸面上铺一层清水，调和墨绿色与清水晕染出皮草的色彩，部分区域留白，让画面更加生动。调和棕色与清水，绘制出拼接面料的颜色。

Step 07

用墨绿色加深皮草的暗面，塑造出服装的体积感。选择小号水彩勾线笔蘸取饱满的墨绿色绘制出皮草的质感，注意皮草的长度较短。用白色提亮外套上边缘部分的皮草，让服装的结构更加清晰。调和棕色与熟褐色加深拼接面料的色彩。

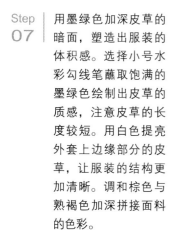

Step 08

用毛笔蘸取清水将裤子部分的纸面轻轻润湿，调和深蓝色与清水铺出裤子的颜色。

Step 09 用饱满的深蓝色加深裤子的暗面，混入少量熟褐色继续画出暗面的褶皱。用小号水彩勾线笔蘸取深蓝色勾勒出裤子的轮廓线与结构线，用白色在亮面绘制出一条与结构线平行的曲线，以增强裤子的体积感。

Step 10 调和棕色、赭石色与清水绘制出鞋子的色彩，用棕色加深鞋子的暗面，用黑色绘制出鞋带。

■ 7.4.1 西装

Step 02 | 上色前用清水轻轻润湿皮肤部分的纸面，调和肤色平涂于皮肤。待画纸快干时，用少量玫红色、柠檬黄与肤色进行调和，加深眉弓、眼窝、颧骨、面部对脖子的投影、锁骨、手的暗面等部位，表现出人体的体积感。

Step 01 | 用自动铅笔起稿，绘制出模特的比例和动态，并在此基础上画出模特的五官、发型、服装与包饰。注意西服套装的细节。

Step 03 | 用小号水彩勾线笔蘸取深棕色绘制出眉毛，用深蓝色绘制出眼球的底色，并留出它的高光，用黑色勾勒眼睛轮廓与瞳孔，用赭石色勾勒出双眼皮的轮廓。选择浅棕色勾勒鼻翼，熟褐色绘制鼻孔。调和朱红色与清水绘制嘴唇颜色，下嘴唇高光留白，再用赭石色调和少量红色加深唇中线、两边嘴角与下嘴唇轮廓。

Step 04 | 调和土黄色、少量棕色与清水，根据发型绘制出头发的底色。用棕色加深头发的暗面，用小号水彩勾线笔蘸取熟褐色勾勒出卷曲的头发，注意头发的方向与层次。

Step 05 | 调和群青色与清水绘制出衬衫的色彩，再用深蓝色加深它的暗面。用小号水彩勾线笔蘸取深蓝色勾勒出领子的轮廓线与纽扣的形状。

Step 06 | 先用毛笔蘸上清水轻轻地润湿纸面上的服装，再调和湖蓝色与清水绘制出服装的基本色。

Step 07 | 趁画纸半干时，调和湖蓝色与少量群青色绘制出服装的暗面，注意要与第一层底色自然过渡。用群青色加深裤子上膝盖处的褶皱，塑造出服装的体积感。

Step 08 | 调和群青色与少量深蓝色继续加深服装的褶皱，增强它的体积感。用小号水彩勾线笔蘸取深蓝色勾勒出服装的结构线与轮廓线，表现出服装的精细做工。用深蓝色绘制出纽扣。

Step 09 | 调和黑色与清水绘制出腰带与手提包的色彩，然后将深蓝色与清水进行调和，铺出鞋子的色彩。

Step 10 | 选择饱满的黑色加深皮带的暗面。根据手拿包的结构，用黑色继续加深包的暗面，使结构更加明晰，并用柠檬黄绘制出包上的金属材质。蘸取饱满的深蓝色绘制出鞋面的暗部，用黑色绘制出鞋边的色彩，白色的鞋带留白即可。

■ 7.4.2　时尚大衣

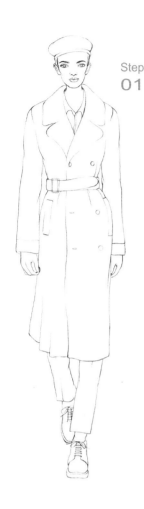

Step 01 用自动铅笔起稿，绘制出模特的比例和动态，并在此基础上画出模特的五官、帽子与服装，注意线条流畅。

Step 02　上色前用清水轻轻润湿皮肤部分的纸面，调和肤色涂于皮肤。待画纸快干时，用少量玫红色、柠檬黄与肤色进行调和，加深眉弓、眼窝、颧骨、面部对脖子的投影，表现出皮肤的体积感。

Step 03　用小号水彩勾线笔蘸取深棕色，根据眉毛的形状勾勒出眉毛，用墨绿色绘制出眼球的底色，并留出它的高光，用黑色勾勒眼眶轮廓与瞳孔，用浅棕色勾勒出双眼皮的轮廓与鼻翼，用深棕色绘制出鼻孔。调和朱红色与清水绘制出嘴唇的颜色，下嘴唇高光留白，再用棕色调和少量朱红色加深唇中线与嘴唇的轮廓。

Step 04　用黑色绘制出两侧的头发。先用清水打湿帽子部分，调和深蓝色、少量墨绿色与清水，趁湿进行晕染，让颜色从帽子的外轮廓向中间扩散，再用深蓝色加深暗部，最后用小号水彩勾线笔蘸取深蓝色勾勒出帽子的外轮廓。

用毛笔蘸上清水打湿大衣部分的画纸，调和深蓝色与清水晕染出大衣的基本色。用饱满的深蓝色趁湿加深暗部，初步表现出大衣的体积感。

Step 06

调和深蓝色与熟褐色加深大衣暗部的褶皱，再用毛笔蘸取饱和度较低的白色，用干燥的笔触绘制出大衣的亮面，表现出大衣的体积感。用小号水彩勾线笔蘸取熟褐色勾勒出腰带的形状与大衣的轮廓，用白色绘制出大衣的纽扣。

Step 07

用浅棕色绘制出衬衫暗面的色彩，用小号水彩笔蘸取深棕色勾勒出衬衣的轮廓。调和黑色与清水，铺出手套的色彩。蘸取饱满的黑色加深手套的暗部，用饱和度较低的白色绘制出亮面。调和土黄色、少量灰豆绿与大量清水，铺出裤子的色彩。

Step 08

调和土黄色与棕色绘制出裤子暗面的色彩，再用小号水彩勾线笔蘸取深棕色勾勒出裤子的轮廓线。

Step 09 调和湖蓝色与清水绘制出袜子的色彩，再用较浅的黑色铺出鞋子的颜色。

Step 10 调和湖蓝色、群青色与少量白色加深袜子暗面的色彩，用饱满的黑色绘制出鞋子暗面的颜色，用白色提亮鞋子的高光，并绘制出鞋带。

■ 7.5.1 甜美蛋糕裙

Step 01 用自动铅笔起稿，绘制出模特的比例和动态，并在此基础上画出模特的五官、发型与服装。先确定好裙子的整体轮廓，再分出层次，最后勾勒出每一层的褶皱。

Step 02 上色前用清水润湿皮肤部分的纸面，调和肤色平涂于皮肤。将少量玫红色、柠檬黄与肤色进行调和，待画纸半干时，加深眉弓、眼窝、颧骨、面部对脖子的投影、锁骨、手臂的暗面、手指的转折处等部位，塑造出人体的体积感。

Step
03

用小号水彩勾线笔蘸
取深棕色绘制出眉毛，
调和湖蓝色绘制出眼
球的底色，并留出它
的高光，用黑色勾勒
眼线、眼睫毛与瞳孔，
用赭石色勾勒出双眼
皮的轮廓。选择浅棕
色勾勒鼻翼，熟褐色
绘制鼻孔。调和朱红
色与大红色绘制嘴唇
颜色，下嘴唇高光留
白，再用赭石色调和
少量红色加深唇中线、
两边嘴角与下嘴唇轮
廓，使嘴唇更加丰满。

Step
04

调和柠檬黄、橘黄色
与清水绘制出头发的
底色。

Step
05

调和土黄色与少量棕
色加深头发的暗面，
用小号水彩勾线笔蘸
取棕色，根据头发的
层次勾勒出暗部的发
丝。用熟褐色勾勒出
白色耳饰的轮廓。

Step
06

用毛笔蘸上清水轻轻
润湿纸面上的裙子，
调和浅紫色与清水，
根据裙子的形态绘制
出裙子的基本色。

Step 07 | 用毛笔蘸取丁香紫绘制出裙子的褶皱，注意褶皱的放射状形态——由密到疏展开。

Step 08 | 调和丁香紫与少量深紫色，用小号画笔蘸取颜料在裙子的暗部绘制出放射状的线条，线条需要跟随裙子发生起伏变化，塑造出裙子的体积感。

Step 09 | 最后完善服装细节。用小号画笔蘸取深紫色勾勒出每层裙子的轮廓线，线条可以放松自如，表现出裙子的蓬松感。

■ 7.5.2 雪纺渐变裙

Step 01 用自动铅笔起稿，绘制出模特的比例和动态，并在此基础上画出模特的五官、发型与服装。注意线条流畅，画面干净整洁。

Step 02 用清水轻轻润湿皮肤部分的纸面，调和肤色绘制出皮肤的底色。待画纸半干时，用少量玫红色、柠檬黄与肤色进行调和，加深眉弓、眼窝、颧骨、面部对脖子的投影、锁骨、手臂的暗面等部位，表现出人体的体积感。

Step 03 用小号水彩勾线笔蘸取深棕色绘制出细长的眉毛，调和玫红色与赭石色晕染出眼影，用湖蓝色绘制出眼球的底色，并留出它的高光，用黑色勾勒眼线、眼睫毛与瞳孔，用深棕色勾勒出双眼皮的轮廓。选择浅棕色勾勒鼻翼，熟褐色绘制鼻孔。调和玫红色与大红色绘制嘴唇颜色，下嘴唇高光留白，再用赭石色调和少量红色加深唇中线、两边嘴角与下嘴唇轮廓，让嘴唇更加丰满。

Step 04 调和棕色、土黄色与清水，根据发型绘制出头发的底色。受周围环境光源的影响，在右侧头发罩上一层浅淡的湖蓝色，使头发色彩更加丰富。

Step 05 用棕色加深头发的暗面，用小号水彩勾线笔蘸取熟褐色勾勒出暗部的发丝，留出湖蓝色作为右边头发的高光色彩。

Step 06 用毛笔蘸上清水轻轻润湿纸面上的裙子，调和丁香紫与清水绘制出裙子的色彩，注意由上往下逐渐变浅。蘸取橘黄色、玫红色绘制出裙子中间过渡部分的褶皱，用群青色加深暗部褶皱，在裙子飘逸的底摆处晕染浅浅的湖蓝色。

Step 07 调和丁香紫与深紫色绘制出上半身裙子的褶皱，从腰部往下以放射状展开，注意线条的粗细与长短，以及线条的方向要跟随人体发生起伏变化。用小号水彩勾线笔蘸取浅紫色勾勒出裙子底摆的轮廓，线条要轻松、流畅。

Step 08 调和黑色与清水，用小号水彩笔蘸取颜料绘制出腰带的色彩，再用饱满的黑色加深暗部。选择最小号的水彩笔蘸取白色，在裙子上点缀出星星点点的白色圆点，注意圆点由上往下逐渐变少。

Step
09

调和黑色与清水绘制
出鞋子的色彩，并用
饱满的黑色加深它的
暗部，用小号水彩勾
线笔蘸取白色提亮两
侧的高光。

Step
10

用毛笔蘸上清水将模特两侧的
纸面轻轻润湿，调和湖蓝色与
少量群青色趁湿进行晕染，色
彩从模特周围向白色纸面扩
散，可以再加一点紫色进行混
合，让背景更加丰富。

CHAPTER

08 服装设计效果图范例
的搭配解读

　　服装的整体设计充分地体现了女性的优雅与性感，紧身的款式能够更好地展现女性曼妙的身姿，显露女性独特的曲线美。宝石蓝的色彩优雅而具有魅力，显得皮肤更加白皙。亮片与皮草两种面料相搭配，高贵且女人味十足。黑色包饰是百搭的选择。高跟鞋是凸显女性气质的单品，它的颜色与包饰相呼应。

　　长款大衣与内搭连衣裙为同色系，白色的服装上印有黑色的图案，拼接色块错落有致，具有强烈的视觉冲击感。大衣廓型简洁，去掉了衣领、门襟与扣子，整体呈 A 字形。连衣裙在领口处穿绳，可自行调节松紧，系带后在领口形成放射状的褶皱，增添了几分趣味。黑色的长筒袜与低帮皮靴相搭配，材质上形成鲜明对比。蓝色的唇妆与红色的手提包是整体造型中的点睛之笔，凸显人物的个性。采用了大面积的深蓝色背景，在表现技法上，水彩的氤氲效果与洒点技法相结合，使画面更加生动，增添了几分艺术性。

　　大 V 领礼服裙整体为黑色，带有魅惑气息。一片片黑色羽毛组成的面料与轻盈而挺括的欧根纱搭配，欧根纱覆盖住皮肤，性感的锁骨若隐若现。脖颈的金色配饰与头顶的饰品相呼应，凸显出高贵气质。胸前的黑天鹅用嘴叼住红色的腰带，这巧妙的细节打破了沉闷的黑色，让人眼前一亮。细长的绑带凉鞋造型独特，同时能够很好地修饰腿部线条。画面中的红色背景与黑色的服装形成强烈对比，给人带来惊艳的视觉享受。

　　宽松的短款衬衫露出男性的喉结与锁骨，印花图案重叠交错、有繁有简，充满活力的黄、蓝、紫与黑色搭配，十分丰富。下半身选择经典版型的休闲西裤，复古的棕色与上半身的彩色组合，加上斜挎的小包，塑造出一个摩登、时尚的帅气形象。

　　橘红色的欧根纱礼服裙上印有黑色的艺术花朵图案，或深或浅的水墨效果增添了层次，上半身的荷叶边重叠交错，
纤细的手臂在独特的立体造型中若隐若现。紫色的唇妆与橘红色的礼服裙形成对比，增添了几分魅惑。

　　精致的短发搭配大红色唇彩，显得干练而冷艳。上半身大 V 领设计的露肩上衣，粗花呢面料与细长条的皮革包边相结合，收腰的设计凸显女性气质。下半身搭配黑色及膝 A 字裙，经典且百搭。黑色的服装搭配明亮的黄色皮包，使摩登时尚气息扑面而来。墨绿色丝绒面料拼接金属材质的女鞋，低调而奢华。用红色在人物一侧绘制出利落的线条，与人物形象相呼应。

　　服装整体选用蓝色系，从明度与饱和度上有所区分。上半身立体的花朵与平面的花样相互辉映，下半身层叠的
蓝色纱裙仿若流动的湖水，空灵而澄澈，女子的肌肤在薄纱下若隐若现。

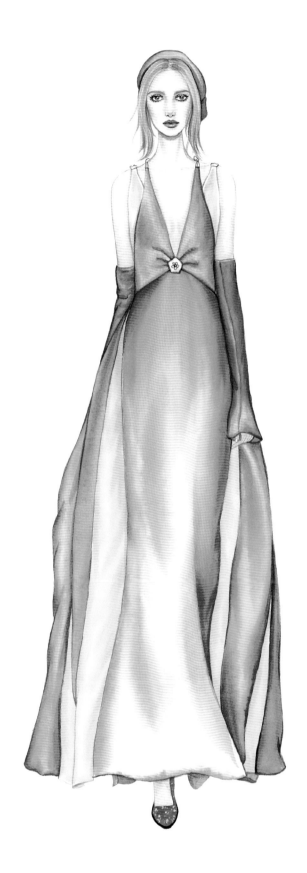

　　真丝面料的礼服长裙，大 V 领的设计增添了几分性感，服装裁剪小面积的柠檬黄和大面积的玫红色拼接搭配，帽子、手套与高跟鞋色彩呼应，清丽的丁香紫与柠檬黄、玫红色搭配，丰富而不凌乱。

服装选用红色与白色进行搭配，简洁却不简单。领口的设计造型独特，别具风情，收腰的设计与扩散的裙摆凸显女性的优雅。大小各异的白色雏菊印花装点着红色长裙，大面积的红色与小面积的白色对比，惊艳又不失细节。

　　低胸且露肩的设计很好地展现出锁骨的线条；丝绒拼接纱裙上紧下松，将女性的腰线展现得淋漓尽致；层叠的纱裙上绣着细腻的花朵纹样，精致而充满仙气。

　　服装整体色调以粉色为主，浪漫而美好。及地的绸缎长裙，露肩设计与披挂式穿法相结合，同时搭配彩色墨镜，
展现出摩登的气场。胸前的镶钻元素为素雅的服装增添了华丽，使得整体造型引人注目，拥有惊艳的视觉效果。

　　服装虽由四种色彩的单品构成，却给人舒适的视觉感受。上半身清丽的亮色与下半身的深色进行搭配，使整体形成对比。充满设计感的外套搭配细腰带，不仅塑造了腰部线条，还使整体造型更具层次感。皮革质地的长靴凸显出率性的气息，塑造出一个时尚帅气的形象。

　　酒红色的礼服裙，上半身若隐若现，宽腰带塑造出纤细的腰部线条，优雅而性感。裙子上缀满大大小小不同花样的钉珠、亮片，凸显出高贵的气质，而裹身的鱼尾设计使女性的曲线得到完美的诠释。

　　服装色彩搭配虽冷暖对比，但饱和度与纯度不高。香槟色的丝缎材质使得人物整体线条更加修长，蓝色面料廓型独特，别出心裁。印花元素丰富了服装的细节，凸显出优雅的气质，与发型搭配在一起具有复古韵味。白色手套搭配珠宝，与服装互相映衬，使得整体造型更加丰富。